FERDINAND HOEFER

LA CHIMIE

ENSEIGNÉE

PAR LA BIOGRAPHIE

DE SES FONDATEURS

R. BOYLE, LAVOISIER, PRIESTLEY
SCHEELE, DAVY, ETC.

PARIS
LIBRAIRIE DE L. HACHETTE ET Cie
BOULEVARD SAINT-GERMAIN, N° 77

1865

LA CHIMIE

ENSEIGNÉE

PAR LA BIOGRAPHIE

DE SES FONDATEURS

IMPRIMERIE GÉNÉRALE DE CH. LAHURE
Rue de Fleurus, 9, à Paris

FERDINAND HOEFER

LA CHIMIE

ENSEIGNÉE

PAR LA BIOGRAPHIE

DE SES FONDATEURS

R. BOYLE, LAVOISIER, PRIESTLEY
SCHEELE, DAVY, ETC.

PARIS
LIBRAIRIE DE L. HACHETTE ET Cie
BOULEVARD SAINT-GERMAIN, N° 77

1865

AVANT-PROPOS

AVANT-PROPOS.

Instruire, plaire et donner à penser, tel est le problème que nous nous sommes proposé de résoudre en écrivant ce volume. Le public jugera si nous avons réussi.

Le plan, que nous avons adopté, est entièrement nouveau. L'innovation était nécessaire. Pour faire aimer une science, il faut d'abord lui donner de l'attrait. Mais, pour cela, il ne suffit point de la revêtir d'une forme polie, tout en lui conservant la rudesse du fond ; il faut faire assister le lecteur au spectacle, aussi instructif que saisissant, de l'intelligence humaine aux prises avec l'erreur, dans l'étude comparative de la matière et du mouvement.

Ce livre n'est donc ni une histoire, ni un traité didactique de la chimie; c'est un essai populaire sur la genèse du progrès, dont la chimie a fourni le sujet.

F. H.

Paris, le 31 juillet 1865.

ÉTAT PRIMITIF DE LA SCIENCE

I

ÉTAT PRIMITIF DE LA SCIENCE.

LA NAISSANCE DE LA CHIMIE.

Nous ne dirons pas que « l'origine de la chimie se perd dans la nuit des temps, » — phrase sonore qui n'apprend rien à personne, — mais nous commencerons par constater que les données initiales, les premiers matériaux de la chimie, longtemps avant que celle-ci eût un nom, se rencontraient dans les ateliers du forgeron, de l'émailleur, du peintre, dans la boutique du pharmacopole ou du droguiste, enfin dans la pratique de tous les arts utiles, y compris l'art culinaire. Cela démontre que la science est née des besoins de la vie.

Le nom de *chimie* ne date que du quatrième ou

cinquième siècle de notre ère; il signifie, à proprement parler, *art de fondre* ou *de dissoudre*[1].

Il en est de la science comme de la vie d'un être. Les éléments matériels existent avant que l'une ou l'autre soit formée; mais l'être vivant ne reçoit un nom, il n'est décrit et classé, qu'après avoir acquis la forme qui le caractérise. La science aussi ne peut être définie que lorsqu'elle est assez développée pour offrir, par la réunion de ses éléments, un véritable corps de doctrine.

La pratique précède la théorie. Voyez ces objets de l'industrie humaine, retirés du sein de la terre ou des fouilles d'antiques monuments; ils attestent la civilisation de ces peuples de l'Orient, qui ont depuis longtemps disparu de la scène du monde. Ces émaux, ces matières tinctoriales, ces verres colorés, ces instruments d'alliages métalliques, tous ces produits artificiels, conservés dans nos cabinets ou musées, se fabriquaient à une époque où l'occident de l'Europe était encore plongé dans les ténèbres de la barbarie. La civilisation se déplace : elle suit le mouvement apparent du soleil.

L'histoire perpétue la mémoire de ceux qui ont versé le plus de sang humain. Elle ne nous a point conservé le nom du mortel qui a inventé le *pain.*

1. Voyez sur l'étymologie de ce nom notre *Histoire de la chimie*, t. I, p. 218, 219.

Cette invention cependant est loin d'être aussi simple qu'on pourrait être tenté de le croire, car il fallait d'abord découvrir les végétaux, les graminées qui donnent des grains alimentaires; et certes ce ne devait pas être chose facile, puisque les indigènes du nouveau-monde, d'où nous vient la pomme de terre, ne connaissent le blé que depuis l'arrivée des Européens. Puis, il fallait moudre le grain, séparer le son de la farine, et faire avec la farine une pâte. Enfin, comment est-on parvenu à découvrir qu'un peu de pâte aigrie, d'un goût détestable, fait gonfler une masse de pâte récente, et que la pâte ainsi préparée, donne par la cuisson un pain léger, savoureux et sain?

Les Grecs, dont l'imagination savait tout embellir, attribuaient à une déesse l'invention du blé, et à un dieu celle du vin. Pour l'antiquité gréco-romaine, Cérès et Bacchus étaient synonymes de *pain* et *de vin : sine Baccho et Cerere Venus friget* (sans le vin et le pain, Vénus a froid,) a dit un poëte ancien. Ce qu'il y a de certain, c'est que l'origine du pain et du vin remonte aux temps où les hommes, au dire des mythographes, entretenaient des relations avec les dieux.

Exprimer une grappe de raisin pour en boire le jus, c'est une idée fort simple; aussi pouvait-elle venir à l'esprit du premier venu. Mais le jus conservé ou fermenté de la grappe a une saveur bien différente de celle du jus fraîchement exprimé. Il fallait certainement du courage pour goûter à une liqueur gâtée, *corrompue;* car toute fermentation était une *corruption*. Qui eut le premier ce courage? Ici encore l'histoire garde un silence absolu.

Faire adopter comme boisson le jus fermenté, corrompu, du fruit de la vigne, cela nous paraît sans doute bien insignifiant, un détail indigne du nom de découverte, aujourd'hui que le palais de l'homme est habitué au goût du vin, — et il l'est depuis tant de siècles!

C'est pourtant un détail du même genre, qui nous fait aujourd'hui bénir la mémoire de Parmentier. La pomme de terre était connue en Europe, plus de cent ans avant que ce bienfaiteur vînt au monde; mais elle n'était cultivée que dans un petit nombre de jardins; on l'y montrait aux curieux comme une rareté horticole. Quelques amateurs avaient, il est vrai, essayé de l'introduire parmi les plantes alimentaires; mais personne n'en voulait: on lui trouvait le goût d'un détestable navet. Pour triompher de ce goût exclusif, tyrannique, il fallut y habituer le palais, il fallut toute une éducation *palatine*. Ne vous en étonnez pas, cher lecteur : nos yeux, nos oreilles, pour devenir sensibles à des nouveautés, n'ont-ils pas besoin d'un travail initiateur, d'une véritable éducation? Que d'objets devant lesquels la foule passe indifférente, et qui se changent en merveilles sous l'œil pénétrant, cultivé, de l'observateur! Ainsi, pour faire adopter le tubercule exotique, devenu aussi nécessaire que le vin, il ne fallut rien moins que la persévérance de Parmentier et la volonté d'un roi, de Louis XVI qui, dans une fête de cour, porta la fleur de la pomme de terre à la boutonnière de son habit.

Citoyen ou prince, celui qui parvint le premier à faire adopter comme boisson le jus fermenté de la grappe eut des difficultés non moins grandes à vaincre. Qu'on ne parle donc plus seulement de la lenteur du progrès dans l'ordre moral! cette lenteur se retrouve aussi, comme nous venons de le voir, dans l'ordre matériel.

A juger par l'histoire de l'eau-de-vie, on n'arriva que lentement à l'usage domestique de cette liqueur. L'eau-de-vie se nommait d'abord *eau ardente;* elle entrait, avec l'essence de térébenthine, dans la composition du feu grégeois. On lui attribuait ensuite la vertu de prolonger la vie et de guérir les maladies; aussi reçut-elle alors le nom d'*eau-de-vie.* Les Espagnols, en la nommant *agua ardiente*, n'ont fait que traduire dans leur langue le mot arabe d'*alcool* (le brûlant). Au quinzième siècle, l'eau-de-vie se vendait encore dans l'officine de l'apothicaire Mais vivre longtemps est un désir aussi naturel aux hommes que celui d'amasser de l'or. Nous ne parlons, bien entendu, que des hommes qui ne voient rien au delà du présent, et ceux-là forment malheureusement l'immense majorité.

Par l'abus qu'on en fait, l'eau-de-vie devrait aujourd'hui s'appeler d'un tout autre nom. A combien d'hommes l'eau-de-vie n'a-t-elle pas donné la mort !

Tout a sa raison d'être. L'abus et l'erreur mêmes ont plus d'une fois tourné au profit du progrès de la science. Cette remarque s'applique particulièrement à l'alcool, qu'on appelle aussi *esprit de vin*, parce qu'il s'obtient par la distillation du jus fermenté de la grappe. L'abus de l'esprit de vin stimula l'esprit de recherches : les uns combinèrent l'eau-de-vie avec des essences aromatiques, les autres perfectionnèrent la distillation, d'autres enfin entreprirent d'extraire l'esprit de vin d'autres substances que le jus fermenté du raisin. Ainsi, avec le vin de Malvoisie, dans lequel on avait laissé macérer de la cannelle, des noix de muscade, des clous de girofle, du cubèbe, de la racine de galanga, de zédoaire, des fleurs de lavande, de sauge, de mélisse, de rose, etc., on faisait l'*hypocras*, et, avec cette boisson distillée, on préparait l'*eau-de-vie de Frédéric II* (empereur du treizième siècle). C'est avec cette *eau impériale*, aussi complexe que la thériaque, que les galants chevaliers se fortifiaient leurs estomacs, — quels estomacs! — avant de se rendre à la guerre ou au tournoi.

La *distillation* devait être connue bien avant le moyen âge. Aristote, le maître d'Alexandre le Grand, y fait déjà allusion, près de trois siècles avant l'ère chrétienne. « L'eau de mer, dit-il, est rendue potable par l'évaporation ; le vin et tous les liquides peuvent être soumis au même procédé : après avoir été réduits en vapeurs, ils redeviennent liquides[1]. »

L'observation attentive de ce qui se passe dans la nature a dû faire naître l'idée de la distillation. Qu'est-ce que la pluie? de l'eau qui tombe des nuages. Qu'est-ce qu'un nuage ? de la vapeur d'eau qui, à cause de son état vésiculaire particulier, peut se tenir suspendue à des hauteurs variables de l'atmosphère. D'où viennent les nuages ? De l'évaporation de vastes nappes d'eau, notamment de l'évaporation des eaux de l'Océan, opérée par la chaleur du soleil. Voilà donc tous les éléments d'un véritable appareil distillatoire. L'Océan est la cornue, le réservoir du liquide à distiller ; l'atmosphère est le tuyau qui s'adapte au réservoir et où passent les vapeurs produites par le fourneau céleste ; la terre est le récipient où les vapeurs aqueuses viennent se condenser.

1. Aristote, *Météorologiques*, II, 2.

Aristote s'est-il le premier rendu compte de ce mécanisme merveilleux ? On l'ignore. Cependant il explique déjà la rosée par la condensation des vapeurs d'eau suspendues dans l'air et qui vont se précipiter sur la terre par l'action du froid. Il ajoute, avec raison, que la neige n'est que de l'eau congelée par un froid plus intense et nécessaire pour amener la vapeur à l'état liquide. Le même philosophe remarque que si les eaux de la mer peuvent porter de plus grands navires que les eaux douces, c'est moins à cause de leur plus grande profondeur que parce que les eaux de mer tiennent des sels en dissolution. A l'appui de cette opinion il cite une expérience, depuis lors bien connue, d'après laquelle un œuf plein, placé dans une cuvette d'eau commune, tombe au fond, tandis qu'il y surnage lorsque l'eau a été préalablement salée.

On connaissait donc, dans l'antiquité, le fait général mentionné par Aristote, à savoir que les liquides s'évaporent par la chaleur et que leurs vapeurs se condensent par le froid. Mais nous ne voyons dans aucun ouvrage ancien qu'on ait réalisé l'utilisation de ce fait par un appareil approprié.

Pline, qui vivait trois siècles après Aristote, décrit un procédé qui aurait dû conduire immédiatement à l'invention de l'appareil distillatoire. « On allume, dit-il, du feu sous le pot qui contient de la résine. La vapeur s'élève et se condense dans de la laine qu'on étend sur l'ouverture du pot où l'on fait cuire la résine. L'opération terminée, on exprime la laine imprégnée d'huile[1]. »

Dans ce procédé de Pline, un pot servait de cornue, et un bouchon de laine de récipient. Combien n'a-t-il pas fallu de temps et d'efforts pour arriver à faire communiquer la cornue avec le récipient au moyen d'un tube? Les choses les plus simples sont toujours les dernières auxquelles on songe; et chacun s'étonne ensuite qu'on ne les ait pas trouvées plus tôt.

L'histoire n'a pas conservé le nom de celui qui eut le premier l'idée de faire communiquer la cornue avec le récipient. Ce qu'il y a de certain c'est que cette invention, si simple en apparence, ne fut réalisée que plus de sept siècles après Pline. C'est dans Geber ou Djaber, chimiste arabe du huitième siècle, que nous en avons trouvé la première mention. En marge d'un des manuscrits de cet auteur (conservés à la Bibliothèque impériale de Paris), on trouve la figure d'un véritable vase distillatoire. En voici (sur le *verso* de la page) le dessin : *a* est la cornue, *b* le récipient, *c* le tube de communication adapté à un chapiteau.

1. L'huile ainsi obtenue, par voie de distillation, s'appelait *pisséléon*. Pline, *Histoire naturelle*, XV, 7.

L'invention de l'appareil distillatoire contribua singulièrement au progrès de la chimie. L'élan une fois donné, chacun voulut perfectionner un instrument si utile. Parmi ces perfectionnements, la plupart sans importance, il y en eut de vraiment fantastiques.

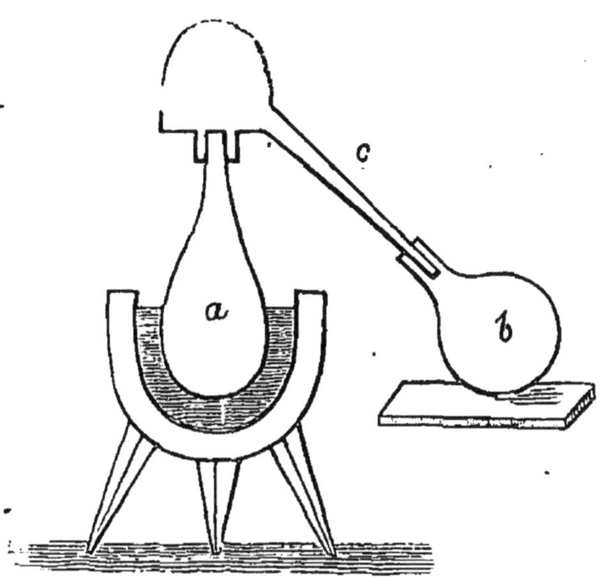

L'eau-de-vie de grains était connue, dans les pays du nord, dès le seizième siècle ; mais sa fabrication fut interdite par des motifs religieux : les grains de blé ne devaient être employés qu'à faire le pain quotidien.

Un patrice de Nuremberg, Philippe d'Ulstadt, imagina, vers la fin du quinzième siècle, un appareil, nommé les *deux frères*, dont voici le dessin. Cet appareil était destiné à produire la *distillation circulatoire* ou *bi-fraternelle.* Pour le faire marcher on appliquait la chaleur alternativement à la cor-

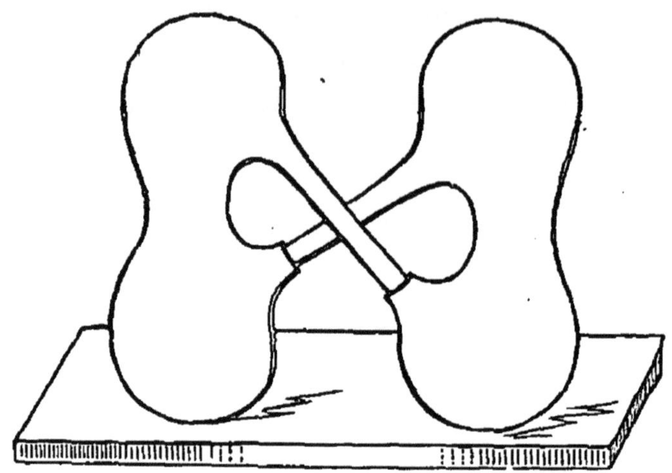

nue (pélican) et au récipient qui, par sa forme, ne se distinguait en rien de la coraue, comme le montre la figure ci-dessus.

L'ART SACRÉ.

Pourquoi la chimie est-elle restée si longtemps stationnaire, et pourquoi fait-elle, depuis un siècle à peine, des progrès si rapides?

Pour répondre à cette question, qui s'applique presque à toutes les sciences, il faut se placer à un point de vue élevé.

Tout révèle la double nature de l'homme. Le corps et l'esprit ont également besoin de s'alimenter; mais si pour le premier ce besoin est nécessaire, il n'est que facultatif pour le second. C'est à cette différence radicale qu'il faut faire remonter les deux façons opposées, avec lesquelles on a de tout temps traité le travail manuel et le travail intellectuel.

Dans la société gréco-romaine, tous les arts tributaires de la chimie, étaient exercés par des esclaves, par des êtres qui, aux yeux des citoyens d'Athènes et de Rome, ne faisaient pas même partie du genre humain. Quiconque manipulait la matière pour la façonner ou la transformer, était réputé indigne du commerce des philosophes. Un abîme séparait le penseur du manipulateur. Dans ces conditions, un rapprochement entre la théorie et la pratique était difficile, sinon impossible. Au grand préjudice de la science, l'artiste gardait ses secrets, et le philosophe ses idées, au lieu de se compléter et de se corriger l'un par l'autre, comme ils auraient dû le faire dans l'intérêt de tous.

Voilà comment s'opéra, dès l'origine, le divorce de l'expérience et du raisonnement, du fait et de la théorie, de ces deux éléments naturels et nécessaires de tout progrès.

La chimie fut ainsi condamnée à rester longtemps stationnaire. Il fallut ensuite des siècles d'efforts pour la mettre dans la voie du progrès. Le pain et le vin, au lieu de servir à des études sérieuses sur la fermentation, devinrent des objets de culte. A l'esprit d'observation on vit se substituer des spéculations religieuses et métaphysiques; enfin, le livre de la nature n'était consulté que pour y chercher la confirmation de vaines hypothèses ou de dogmes préconçus. L'histoire va nous en fournir la preuve.

Aux premiers siècles de l'ère chrétienne, la chimie s'appelait *art sacré*. Les prêtres de l'Égypte en étaient les premiers maîtres[1]. C'est dans les temples de Thèbes et de Memphis que les initiés pratiquaient la *science divine*, nom qu'ils donnaient aussi à l'art sacré. Comment l'entendaient-ils? Nous l'ignorons. Mais ce qui paraît certain, c'est qu'ils partaient de quelques données expérimentales, fort simples, pour arriver à des interprétations, à des doctrines qui laissaient en partie entrevoir leurs croyances dogmatiques.

Citons quelques exemples. On chauffait de l'eau dans un vase; l'eau se réduisait en vapeur, devenait impalpable comme l'air, et laissait pour résidu une poussière, une terre blanche. Voilà le fait. Ce fait d'expérience était vrai alors, comme il l'est aujourd'hui, et comme il le sera en tout temps. Mais qu'en conclurent les prêtres? que l'eau se change en terre et en air, enfin, que la matière se transforme. De la transformation à la métempsycose il n'y avait qu'un pas. Cette conclusion était parfaitement légitime à une époque où l'on ignorait la composition de l'air et de l'eau.

Autre exemple. On brûlait, on calcinait du plomb ou de l'étain au contact de l'air. Le métal se changeait en une sorte de chaux[2]; c'était la *mort* du métal. Or, en reprenant cette cendre et la chauffant

1. Voy. sur l'*Art sacré* notre *Histoire de la chimie*, t. I, p. 220.

2. La chaux s'appelle, en latin, *calx;* de là le nom de *calciner*, substitué à celui de *brûler*.

avec des grains de blé, l'opérateur voyait le métal reprendre sa forme avec toutes ses propriétés primitives. Qu'induire de ce fait? qu'avec le concours du feu purificateur, les grains de blé possèdent la vertu de ressusciter, de *révivifier* le métal incinéré. N'était-ce pas là opérer le miracle de la résurrection ? On devait le croire et on le crut, en effet, pendant des siècles. Les vestiges de cette croyance se retrouvent encore aujourd'hui dans les noms de *révivifier*, *révivification*, employés comme synonymes de *désoxyder*, *désoxydation*. Les grains de blé étaient le symbole de la résurrection ou de l'immortalité, comme semblent l'attester les sachets de froment, qu'on a trouvés dans des momies égyptiennes.

Ces faits démontrent combien le symbolisme religieux a nui au progrès de la science. Si l'on eût cherché à les interpréter au moyen de l'expérience combinée avec le raisonnement, on n'aurait peut-être pas tardé à reconnaître que l'action des grains de blé, révivifiant les métaux rouillés (oxydés), est uniquement due au carbone qu'ils renferment; et que la terre blanche, que l'eau laisse après son évaporation, est un résidu de sels naturellement contenus dans l'eau.

Mais l'homme doit passer par l'erreur avant d'atteindre la vérité. Le règne de l'imagination précède celui de la raison. La voie erronée de l'art sacré fut suivie par l'alchimie.

L'ALCHIMIE.

Rien ne périt, tout se transforme dans la nature.

Tel est l'énoncé d'un fait général, que la science des anciens avait entrevu, et que démontre la science moderne. Les alchimistes l'admettaient aussi ; ils avaient même fondé là-dessus presque toutes leurs doctrines. Mais, à l'exemple des adeptes de l'art sacré, dont les alchimistes n'étaient que les continuateurs, ils tirèrent de quelques expériences vraies des inductions erronées.

Ainsi, par exemple, le plomb disparaît quand on le calcine dans des coupelles faites avec des cendres ou des os pulvérisés ; il ne reste qu'un bouton d'argent pur. Les opérateurs ne pouvaient guère faire autrement que de conclure de ce fait que le plomb s'était changé, *transmuté* en argent ; car ils ignoraient que l'oxyde ou chaux de plomb qui se forme pendant la calcination est absorbé par la substance de la coupelle, et que la petite quantité d'argent, qui reste, provient du plomb naturellement argentifère.

Les alchimistes savaient aussi que l'eau-forte (acide nitrique) dissout le cuivre, et que, lorsqu'on plonge dans une pareille dissolution une lame de fer, le cuivre renaît pendant que le fer disparaît. Mettez-vous, cher lecteur, à la place des alchimistes, en présence de ce fait, en apparence si singulier, n'auriez-vous pas dit, comme eux, que *le fer se change en cuivre?*

La fameuse théorie de la *transmutation des métaux* repose donc sur des faits positifs, incontestables; mais ces faits étaient alors compris et interprétés autrement qu'ils le sont aujourd'hui. Ces différentes manières de voir attestent la prééminencee de la pensée, à la fois généralisatrice et rectificatrice, sur l'observation non raisonnée, sur le simple emploi des sens.

Ne soyons donc pas dédaigneux envers nos prédécesseurs. Si nous nous étions trouvés à leur place, nous nous serions trompés comme eux en prenant pour une transmutation un simple phénomène d'échange. Peut-être n'y attachaient-ils pas non plus, — qui sait? — le sens absolu, doctrinal, que nous leur prêtons. Pour être juste envers ceux qui ont vécu avant nous, il faut nous identifier en quelque sorte avec leur pensée, et ne pas les juger à travers le prisme de la science actuelle, somme de connaissances lentement acquises.]

Ce qui pouvait faire croire à la transmutation des métaux, c'est que, en absence de toute analyse, on n'avait d'autre moyen d'en apprécier la nature que leur aspect, leur couleur, en un mot, l'ensemble de leurs caractères extérieurs. Les alchimistes n'employaient guère la balance, et ils ne connaissaient qu'un petit nombre de dissolvants ou de réactifs. Qu'y a-t-il donc d'étonnant qu'ils aient pris, de la meilleure foi du monde, le chrysocale pour de l'or?

Au moyen âge, la science, comme la littérature, aimait beaucoup les rapprochements, les allégories. Les alchimistes, à l'exemple des minnesingers, leurs contemporains, s'en tenaient au brillant de la surface, ils allaient rarement au fond des choses.

L'or avait pour symbole le soleil. Toutes les plantes à fleurs et à suc jaune passaient pour contenir de l'or. Aussi le bouton d'or, la primevère, le millepertuis, le suc de la rhubarbe, de la chélidoine, etc., jouaient-ils un grand rôle dans les opérations des *chrysopoètes* ou *faiseurs d'or :* c'est le nom que les alchimistes portent dans les traités de *l'art sacré*.

Le règne animal fournissait aussi des représentants du roi des métaux, *rex metallorum*. La salamandre est figurée, dans quelques livres alchimiques, avec une couronne d'or sur la tête et au milieu d'un feu flamboyant. Elle devait cette distinction aux taches jaunes dont son corps est parsemé.

Le soufre passait pour un élément merveilleux, moins à cause de sa couleur que parce qu'il noircit presque tous les métaux en se combinant avec eux. Lorsqu'on fait tomber du mercure sous forme de pluie fine (en le passant à travers un linge) sur du soufre fondu, on obtient une substance noire. Cette substance, chauffée dans des vaisseaux clos, se volatilise sans s'altérer, et se trouve transformée en une belle matière rouge. On aurait peine à croire que ces deux corps sont identiques, si l'on ne savait pas qu'ils sont composés, l'un et l'autre, de la même quantité de soufre et de la même quantité de mercure. Cette faculté d'un même corps d'affecter deux états moléculaires différents a reçu le nom d'*isomérie :* c'est une abréviation heureuse d'une périphrase, mais ce n'est pas une explication.

Combien ce changement inattendu d'un composé noir en un composé rouge ne dut-il pas frapper l'imagination des alchimistes? Leur verve allégorique n'en tarissait pas : le sulfure de mercure noir qui passe, par voie de sublimation, à l'état de sulfure rouge (cinabre), c'était l'*aigle noir* qui se métamorphose en *lion rouge.* Le noir et le rouge étaient les symboles des ténèbres et de la lumière, du mauvais et du bon principe.

Les vapeurs d'arsenic blanchissent le cuivre. Ce

fait, depuis longtemps connu, donna naissance à une foule d'énigmes mystiques sur le moyen de changer le cuivre en argent. L'une de ces énigmes était attribuée à la Sibylle. D'ailleurs le mot arsenic s'adaptait merveilleusement aux fictions de l'alchimie. Ce mot, *arsenicon* en grec, signifie littéralement *mâle*. Or, le cuivre, consacré à Vénus, représentait le principe *femelle*. Le cuivre blanc, l'*argent* des alchimistes, était donc le produit de l'union du principe mâle avec le principe femelle.

La nature est aujourd'hui ce qu'elle était autrefois. Les anciens avaient les mêmes yeux que nous pour la voir, mais ils n'avaient pas la même manière de la comprendre : la pensée humaine, voilà ce qui varie. Dans leur manière de concevoir la composition ou le mouvement moléculaire des corps, les alchimistes ont varié comme les astronomes dans leur manière d'interpréter la composition du ciel ou le mouvement des astres. Chimie ou astronomie, il s'agit toujours au fond du mystérieux monde des atomes. La grandeur n'y fait rien : l'astre radieux et l'invisible atome du cristal s'évanouissent l'un et l'autre comparativement à l'infini.

Les *éléments*, dans le sens que les anciens y attachaient, n'avaient rien de commun avec les nôtres. La *terre*, l'*eau*, l'*air* et le *feu* n'avaient primitivement qu'une valeur dogmatique. *Quatre* était un nombre sacré. Pythagore avait emprunté son quaternaire, la tétrade, aux religions de l'Orient.

Une fois engagé dans cette voie, on devait s'éloigner de plus en plus de la méthode expérimentale. Aux quatre éléments des anciens philosophes vinrent, plus tard, se joindre le *soufre* et le *mercure :* c'étaient, aux yeux des alchimistes, les éléments particuliers des métaux. L'univers était symbolisé par un œuf dont la coque figurait la voûte céleste, le blanc et le jaune représentaient les éléments des métaux et la masse minérale terrestre. Cet œuf des philosophes, *ovum philosophicum*, était entouré d'un cercle d'or, figurant le zodiaque. Sur quelques monuments druidiques on voit l'œuf, comme hiéroglyphe du monde, façonné par deux serpents.

Mais ce n'était pas seulement pour créer ou confirmer des dogmes religieux, qu'on interrogeait la nature; on lui demandait aussi la richesse et la santé. Ce fut là le double but de la pierre philosophale.

Qu'était-ce que la pierre philosophale?

Les alchimistes ne s'entendaient guère là-dessus. La pierre philosophale était tantôt le cinabre, tantôt le soufre. Pour les uns c'était l'arsenic qui blanchit le cuivre; pour les autres, c'était la cadmie (minerai de zinc) qui le jaunit; pour d'autres, c'était quelque chose d'impalpable qui ne pouvait être saisi, touché, que dans certaines conditions, enveloppées de mystère. Pour la plupart enfin la pierre philosophale était une matière propre à transmuter les métaux, à changer les vils en *nobles*. On appelait ainsi l'or et l'argent, par une image empruntée à l'état social : les métaux nobles s'allient, se combinent difficilement avec les matières communes qui altèrent les autres métaux. Tout le monde sait que l'or et l'argent ne se rouillent point dans les circonstances ordinaires de l'atmosphère.

Mais à quoi sert la richesse, quand on n'a pas en même temps la santé ? La pierre philosophale qui devait donner l'or, n'était donc que l'auxiliaire de l'œuvre qui devait fournir le double secret de guérir toutes les maladies et de prolonger la vie au-delà de son terme ordinaire. Cet œuvre s'appelait l'*élixir philosophal* ou la *panacée universelle*. Les uns croyaient l'avoir trouvé dans une teinture mercurielle, les autres dans l'or potable.

Les tribulations des alchimistes, les déceptions des chercheurs de la pierre philosophale ou des souffleurs du grand œuvre offriraient le sujet d'un immense drame. On pourrait ici prendre pour type *Denis Zecaire*, qui vivait au commencement du seizième siècle. Il raconte lui-même très-naïvement sa vie dans son *Opuscule de la vraye philosophie naturelle des métaux.*

Né en Guyenne, en 1510, Zecaire perdit de bonne heure ses parents, et son éducation fut confiée aux soins d'un tuteur. Au collége de Bordeaux, il employait ses heures de recréation à s'initier aux pratiques de l'alchimie. A Toulouse, où il devait faire son droit, il continua « à souffler et à boire chaud, si bien, dit-il, qu'à la fin de l'année mes deux cents escus s'en allèrent en fumée. » Devenu majeur, il engagea son patrimoine et en mit une certaine partie entre les mains d'un Italien qui se vantait de posséder le secret de faire de l'or. Ce secret consistait à traiter, pendant deux mois, de l'argent par l'eau-forte pour obtenir la fameuse poudre de projection qui devait transformer le mercure en cent fois son poids d'or. Zecaire perdit, bien entendu, son temps et son argent. L'Italien, qui travaillait avec lui, lui soutira encore quelque argent sous le prétexte d'aller à Milan, afin de s'aboucher avec l'auteur même du procédé qui n'avait pas réussi. Vainement Zecaire attendit-il, à Toulouse, le retour de l'Italien : « J'y serais encore, si j'eusse voulu attendre, car je ne le vis plus. »

Zecaire quitta Toulouse pour s'en aller à Cahors. Il y demeura six mois, pour continuer son œuvre, en compagnie d'un philosophe, d'un « bon vieil homme, » qui lui fit perdre près de trois cents écus. Ce nouveau mécompte ne le corrigea point : l'amour du grand œuvre était devenu une passion. « Pour mieux le continuer, je m'accoustay, dit-il, avec un abbé, près de Toulouse, qui disoit avoir le double d'une recette pour faire nostre grand œuvre, qu'un sien ami qui suivoit le cardinal d'Armagnac lui avoit envoyé de Rome. Et commençâmes à dresser de nouveaux fourneaux, tous de diverses façons, pour y travailler. » — Cette fois il s'agissait de chauffer, pendant un an, de la limaille d'or avec de l'eau-de-vie purifiée. « Et achetasmes pour trente escus de charbon tout à ung coup, pour entretenir le feu en dessoubs desdites cornues un an entier. »

Au bout d'un an, le pauvre Zecaire s'aperçut que l'eau-de-vie n'était pas le vrai dissolvant de l'or. « Nous trouvasmes, dit-il, tout l'or en poudre comme l'y avions mis, fors qu'elle étoit un peu plus déliée, de laquelle nous fismes projection sur de l'argent vif (mercure) chauffé, en suivant la recepte; mais ce fust en vain. Si nous fusmes marris, je vous le laisse à penser, mesmement M. l'abbé, qui avait desia publié à tous les moines qu'il ne restait qu'à faire fondre une belle fontaine de plomb qu'ils avoient en leur cloistre, pour la convertir en or incontinent que nostre besogne seroit achevée. Mais ce fust pour une autrefois qu'il la fist fondre. »

Zecaire, emportant avec lui huit cents écus, vint demeurer à Paris, résolu à *tout risquer pour trouver* la pierre philosophale. C'était vers 1535. A cette époque Paris était, comme il nous l'apprend lui-même, « la ville la plus plus fréquentée de divers opérateurs *en ceste science, que autre que soit en* Europe. » — « J'y fus, ajoute-t-il, un mois durant presque incogneu de tous. Mais, après que j'eus commencé à fréquenter les artisans comme orfebvres, fondeurs, vitriers, faiseurs de fourneaulx et divers autres, il ne fust pas un moys passé que je n'eusse la cognoissance à plus de cent opérateurs. »

Sous le règne de François Ier, Paris fourmillait donc d'alchimistes. Zecaire nous en fait le portrait suivant. « Les uns travaillaient aux teintures des métaulx par projection, les autres par cimentation, les autres par dissolution, les autres par conjonction de l'essence, les autres par longues décoctions, les autres travaillaient à l'extraction du mercure des métaulx, les autres à la fixation d'iceulx. De sorte qu'il ne se passoit jour, mesmement les festes et les dimanches, que nous ne nous assemblissions ou au logis de quelqu'un, et fort souvent au mien, ou à Nostre-Dame la Grande, qui est l'église la plus fréquentée de Paris, pour parlementer des besoignes qui s'estoient passées aux jours précédents. Les uns disoient, si nous avions le moyen pour y recommencer, nous ferions quelque chose de bon; les autres, si nostre vaisseau eust tenu, nous étions dedans; les autres, si nous eussions eu notre vaisseau de cuivre, bien rond et bien fermé, nous aurions fixé le mercure avec la lune (argent). Tellement qu'il n'y en avoit pas un qui fist rien de bon et qui ne fust accompaigné d'excuse, combien que pour cela je ne me hastasse guère à leur présenter argent, sachant desia et cognoissant très-bien les grandes despenses que j'avois faict auparavant à crédit et sur l'assurance d'aultry. »

Cependant notre alchimiste ne tarda pas à se lier avec un Grec qui passait pour un habile homme, possesseur du secret de changer des clous de cinabre en argent. « Et pour ce qu'il avoit besoin d'argent fin en limaille, nous en acheptasmes trois marcs, et les fismes limer; duquel il en faisoit de petits clous avec une paste artificielle, et les mesloit avec le cinabre pulvérisé, puis les faisoit decuyre dans un vaisseau de terre bien couvert. Et quand ils estoient bien secs, il les faisoit fondre et les passoit par la coupelle; tellement que nous trouvions trois marcs d'argent fin, qu'il disoit estre sorti du cinabre, et que ceux nous avions mis d'argent fin s'en étoient volez en fumée. » — C'est tout le contraire qui devait être arrivé : le cinabre, étant volatil, « s'en était volé en fumée », et la même quantité d'argent qu'on y avait mis, se retrouvait au fond de la cornue. Aussi le pauvre adepte s'écria-t-il tout désappointé : « Si c'estoit proufit, Dieu le sçait, et par moi aussi qui despendis des escus plus de trente. »

Malgré ses insuccès, l'alchimiste grec poursuivait son œuvre. « Toutefois il assuroit touiours qu'il y avoit du gain; de sorte que avant la Noël suivant cela fust tout cogneu en Paris, qu'il n'estoit fils de bonne mère s'entremêlant de travailler en la science, qui ne savoit ou avoit entendu parler des clous de cinabre, comme un autre temps après fut parlé des pommes de cuivre, pour fixer là dedans le mercure avec la lune. »

Après avoir passé ainsi trois ans à Paris et perdu ses huit cents écus et d'autres sommes encore que son ami l'abbé lui avait envoyées, Zecaire retourna dans son pays. Arrivé chez lui, il trouva une lettre du roi de Navarre, père d'Henri IV, qui l'invitait à se rendre à Pau. Ce roi voulait apprendre les secrets de l'alchimie; il lui offrait, en récompense, un traitement de quatre mille écus. « Ce mot de quatre mille escus, ajoute l'adepte, chatouilla tellement les oreilles de l'abbé, que se faisant croire qu'il les avoit desia en sa bourse, il n'eust jamais cesse que je ne fusse parti pour aller à Pau, où j'arrivai au mois de mai, sans travailler environ six semaines, pource qu'il fallut recouvrer les simples ailleurs. Mais quand j'eu achevé, j'eu récompense que je m'attendois. Car encore que le roi eut bon vouloir de faire du bien, il me renvoya avec un grand merci, et que j'advisasse s'il n'y avoit rien en ses terres qui fust en sa puissance de me donner, comme confiscations et aultres choses semblables; qu'il me le donneroit volontiers. Cette response fut tant ennuyeuse que, sans m'attendre à ses belles promesses (pour en avoir esté autrefois nourri à mes despences), je m'en retournois vers l'abbé. »

Enfin un docteur théologien conseilla au malheureux alchimiste de laisser là ses cornues et de s'intruire dans les livres qui traitent de la matière. Sur ce conseil, Zecaire prit ce qui lui restait d'argent et se rendit de nouveau dans la capitale. « Par quoy je m'en allai à Paris, où j'arrivai le lendemain de la Toussaint, en l'année 1546, et là j'achetai pour dix écus de livres en la philosophie, tant des anciens que des modernes; une partie desquels étoient imprimés, et les autres escrits de main, comme la *Tourbe des philosophes*, le *Bon Trévisan*, la *Complainte de la Nature*, et autres divers traités qui n'avoient jamais été imprimés. Et m'ayant loué une petite chambre au faubourg Saint-Marceau, fus là un an durant, avec un petit garçon qui me servoit, sans fréquenter personne, estudiant jour et nuit en ces auteurs. »

Après des obstacles de toute sorte, notre philosophe hermétique parvint enfin à faire de l'or, ainsi qu'il le raconte lui-même : « Il ne se passoit jour que je ne regardasse d'une fort grande diligence l'apparition des trois couleurs que les philosophes *ont écrit devoir apparaître avant la perfection de* nostre divin œuvre, lesquelles (grâces au Seigneur Dieu), je vis l'une après l'autre; si bien que, le propre jour de Pâques après, j'en vis la vraie et parfaite expérience sur de l'argent vif échauffé dedans un crisol, lequel je convertis en fin or devant mes yeux, à moins d'une heure, par le moyen d'un peu de cette divine poudre. Si j'en fusse aise, Dieu le sait. Aussi ne m'en vantois-je pas pour cela; mais après avoir rendu grâces à nostre bon Dieu, et l'avoir prié qu'il m'illuminast par son Saint-Esprit pour en pouvoir user à son honneur et louange, je m'en allai le lendemain pour trouver l'abbé. »

Zecaire ne communiqua son secret à personne. Il quitta la France, « afin de mener, dit-il, un fort petit train à l'étranger »; aveu qui ne plaide guère en faveur de la transmutation du mercure en or Son séjour à l'étranger ne fut pas long, et il eu une triste fin. Notre chercheur d'or fut, dit-on, assassiné à Cologne par son compagnon de voyage[1].

Ce qui caractérisait surtout les alchimiste

1. Voyez notre *Histoire de la chimie*, t. II, p. 115-120.

c'était une patience à toute épreuve. Ils ne se laissaient, comme le montre l'exemple de Denis Zecaire, rebuter par aucun insuccès. Quelquefois l'opérateur, que la mort enlevait à ses travaux, laissait une expérience commencée en héritage à son fils, et il n'était pas rare de voir celui-ci léguer à un autre le secret de l'expérience inachevée dont le testateur avait hérité de son père. Les opérations alchimiques étaient ainsi transmises de père en fils comme des biens inaliénables.

Cette ténacité a un sens profond. Le temps est un grand maître. Qu'est-ce, en effet, que la vie d'un homme comparativement à la durée indéfinie de la nature? moins qu'une seconde. Des produits, qu'aucun opérateur ne saurait jamais obtenir, sont engendrés avec profusion dans l'immense laboratoire de la nature, à la faveur de ses agents ordinaires, dont l'action se prolonge pendant des siècles.

AVÉNEMENT DE LA MÉTHODE EXPÉRIMENTALE.

Nous venons de montrer comment, dès le principe, on avait fait fausse route. La théorie et la pratique étaient représentées par des hommes entre lesquels la société avait creusé un abîme. Les chefs d'école et de secte estimaient au-dessous de leur dignité de manier un outil : ils auraient cru déroger en se mêlant à la tourbe des manipulateurs. Le philosophe et le prêtre, qui réunissaient autrefois tout le savoir théorique, n'interrogeaient l'expérience que pour lui demander la confirmation de leurs doctrines; ils la récusaient dès qu'elle contrariait leurs idées; et, ne l'oublions pas, c'est par la caste sacerdotale ou lettrée, peu sympathique aux parias du travail, que nous connaissons l'état de la science dans l'antiquité.

Il y eut un moment où la recherche de la pierre philosophale semblait devoir rapprocher le manipulateur du théoricien. Mais la soif de l'or suivit bientôt les mêmes errements. Les alchimistes succédèrent, comme nous l'avons vu, aux adeptes de l'art sacré.

L'avénement de la méthode expérimentale avait été cependant préparé de longue date. Trois cents ans avant le chancelier Bacon, qui passe à tort pour le promoteur de cette méthode, son homonyme, le moine *Roger Bacon*, insistait sur la nécessité d'interroger la nature expérimentalement; et, plus de quinze siècles avant Roger Bacon, Aristote avait émis la même pensée dans divers passages de ses œuvres.

Enfin, au seizième siècle, *Paracelse* fit une guerre à outrance « aux docteurs en gants blancs qui craignent de se salir les doigts dans un laboratoire de chimie. » Il se posa hardiment en réformateur; son langage était acéré comme celui de Luther, son contemporain. « Que faites-vous donc, physiciens et docteurs? demandait-il aux faiseurs de systèmes. Vous ne voyez donc pas clair? Avez-vous des escarboucles à la place des yeux?... Parlez-moi plutôt des chimistes qui manipulent; ceux-là du moins ne sont pas paresseux comme vous autres; ils ne sont pas habillés en beau velours, en soie, ni en taffetas; ils ne portent pas de bagues d'or aux doigts, ni de gants blancs. Les opérateurs attendent avec patience, jour et nuit, le résultat de leurs travaux. Ils ne fréquentent pas les lieux publics; ils passent leur temps au laboratoire; ils portent des culottes de peau avec un tablier de cuir pour s'essuyer les mains; ils mettent leurs doigts dans les charbons et dans les ordures; ils sont noirs et enfumés comme des forgerons et des charbonniers; ils parlent peu, sachant bien que c'est à l'œuvre que l'on reconnaît l'ouvrier. » — Ce langage incisif, un peu rustique peut-être, montre que les manipulateurs et les théoriciens étaient encore loin de s'unir pour l'œuvre commune de la science.

Paracelse mourut, en 1541, à l'âge de quarante-huit ans, dans l'hôpital de Salzbourg. Il avait dépensé sa santé et sa fortune à inaugurer la méthode expérimentale.

Son contemporain, *Bernard Palissy* (né en 1499, mort en 1589), suivit la même voie. Le chancelier Bacon (né en 1560, mort en 1626) était encore enfant, quand l'inventeur des *rustiques figulines* enseignait déjà publiquement que, pour atteindre la vérité, il faut consulter l'expérience. « Je n'ai point, dit-il, d'autre livre que le ciel et la terre, lequel est connu de tous, et est donné à tous de connoistre et lire ce beau livre. »

Dans un dialogue, aussi instructif que spirituel, Palissy met, sous la forme de deux antagonistes, la *Pratique* en présence de la *Théorie*. Celle-ci, après avoir écouté attentivement la Pratique, s'écrie :

« Pourquoi me cherches-tu si longue chanson ? C'est plutost pour me détourner de mon intention que pour m'en rapprocher; tu m'as bien fait de beaux discours, touchant les fautes qui surviennent en l'art de terre, mais cela ne me sert pas d'espouvantement; car des esmaux tu ne m'en as encore rien dit. » — La *Pratique* répond : « Les esmaux de quoi je fais ma besogne sont faits d'estain, de plomb, de fer, d'acier, d'antimoine, de saphre de cuivre (cendres vertes), d'arène (sable), de salicort (soude), de cendre gravelée (potasse), de litharge. Voilà les propres matières desquelles je fais mes esmaux. » — Après cette courte réponse, la *Pratique* engage la *Théorie* à ne pas faire la paresseuse, à se remuer un peu, et à chercher elle-même les proportions les plus convenables de ces matières pour réussir dans la fabrication des émaux.

Cet interminable procès de la théorie et de la pratique fut plus tard personnifié par le *professeur* et le *démonstrateur*, chargés d'enseigner, sous Louis XIV et Louis XV, la chimie au Jardin du roi. Le professeur, planant dans la région des principes abstraits, estimait au-dessous de sa dignité de descendre dans les détails du laboratoire et de salir ses doigts avec la poussière de charbon. C'était la *Théorie*; le premier médecin du roi en remplissait le rôle. Après que le docteur avait cessé de parler, arrivait le démonstrateur qui devait appuyer les vues spéculatives du professeur sur des données expérimentales : c'était la *Pratique*.

Ce fut *Rouelle* (né en 1703, mort en 1770) qui, sous Louis XV, remplissait les fonctions de démonstrateur au Jardin du roi; Bourdelain y occupait la chaire de chimie. Le professeur, froidement accueilli, terminait invariablement sa leçon par ces mots : « Tels sont, messieurs, les principes et la théorie de cette opération, ainsi que M. le démonstrateur va vous le prouver par ses expériences. » Aussitôt apparaissait Rouelle au milieu des applaudissements de l'auditoire; mais, presque toujours, M. le démonstrateur renversait par ses expériences les théories de M. le professeur.

Rouelle était un personnage fort original; il y avait en lui du Paracelse et du Bernard Palissy. Il arrivait dans l'amphithéâtre en grande tenue : habit de velours, perruque poudrée et petit chapeau sous le bras. Assez calme au début de sa leçon, il s'animait par degré. Si sa pensée venait à s'obscurcir, il s'impatientait, il posait son chapeau sur une cornue, il ôtait sa perruque, il dénouait sa cravate; puis, tout en continuant de parler, il déboutonnait son habit et sa veste, et les quittait l'un après l'autre. Ces distractions lui étaient habituelles, d'après ce que nous raconte Grimm, son contemporain.

Rouelle était assisté dans ses expériences, par

un de ses neveux ; mais comme cet aide ne se trouvait pas toujours auprès de lui, il l'appelait en criant à tue-tête : Neveu, éternel neveu ! et l'éternel neveu ne venant pas, il s'en allait lui-même dans les arrière-pièces de son laboratoire chercher les objets dont il avait besoin. Dans l'intervalle, il continuait la leçon comme s'il était en présence de ses auditeurs. A son retour, il avait ordinairement achevé la démonstration commencée, et rentrait en disant : « Oui, messieurs, voilà ce que j'avais à vous dire. » Alors on le priait de recommencer, ce qu'il faisait toujours de la meilleure grâce du monde, dans la conviction d'avoir été seulement mal compris.

Rouelle fut le maître de Lavoisier.

LA CHIMIE PNEUMATIQUE.

(CHIMIE DES GAZ.)

Le règne des spéculations philosophiques et alchimiques allait finir ; mais la scission entre ceux qui *perçoivent* et ceux qui *conçoivent*, entre les praticiens et les théoriciens, devait continuer. La voie nouvelle, indiquée par le raisonnement uni à l'expérience, était encombrée d'obstacles, d'erreurs séculaires, qu'il fallait, avant tout, songer à faire disparaître.

L'homme ne croit guère que ce qu'il voit ou touche. De tout temps ceux qui manipulent la matière avaient bien remarqué que, en dehors de ce qui tombe sous les sens, il existe aussi quelque chose d'invisible et d'impalpable. Mais comme ce *quelque chose* ne se prêtait pas à leurs expériences, ils l'avaient relégué dans le domaine des *esprits*. On devine que nous voulons parler des *gaz*.

Le nom de gaz est d'origine germanique : dans plusieurs dialectes allemands, *gaast* signifie *esprit.*

Les anciens soupçonnaient, quoique vaguement, l'existence des fluides aériformes. C'est ce qu'indiquent les expressions latines, telles que *spiritus, halitus, flatus, aura, emanatio.* La combustion des charbons, l'air des celliers où fermente le jus de la grappe, certaines grottes naturelles où périssent les chiens et les animaux de petite taille, tous ces phénomènes auraient bientôt conduit à la découverte du gaz acide carbonique, si les observateurs avaient eu recours à la méthode expérimentale.

Galien semblait pressentir la découverte des gaz incandescents, tels que l'hydrogène, l'hydrogène bicarbonné, l'oxyde de carbone, quand il dit que la flamme est un *air enflammé,* et que le roseau brûle, non parce qu'il est sec, mais parce qu'il contient beaucoup d'air susceptible de s'enflammer.

Pline mentionne des localités où l'air s'allume à l'approche d'une flamme. La campagne de Babylone, qui abondait en bitume, offrait souvent le spectacle d'incendies spontanés.

Clément d'Alexandrie, qui vivait au troisième siècle de notre ère, parle « d'un *esprit matériel,* qui est la nourriture du feu et la base de la combustion. » A ce caractère, qui ne reconnaîtrait pas l'oxygène ?

Les ouvriers mineurs savaient depuis longtemps

que dans beaucoup de galeries souterraines les lampes s'éteignent et que l'on risque d'y perdre la vie sans cause apparente. Ces accidents furent avec raison attribués par les Romains à des airs irrespirables. Mais, au moyen âge ces airs étaient changés, par les croyances dominantes, en démons ou en esprits malins. C'est ainsi que la science rétrograde après avoir fait quelques pas en avant. Le progrès est une ligne brisée.

Il faut toute une révolution pour faire entrer dans la science un principe nouveau. On savait que beaucoup de corps se réduisent en vapeur par l'action de la chaleur. On savait aussi que ces corps reviennent à leur état, solide ou liquide, quand ils cessent d'être chauffés. Mais comment faire comprendre que, indépendamment des corps *solides* et *liquides*, il existe des vapeurs à l'état *permanent*, c'est-à-dire des vapeurs qui dans les conditions primordiales de notre globe, n'affectent ni l'état solide, ni l'état liquide?

Si, au lieu de poursuivre des chimères, on avait observé attentivement ce qui se passe dans l'atmosphère ou ce qui s'effectue sans cesse avec le concours de l'air, si l'on avait cherché à étudier les phénomènes de la fermentation, de la putréfaction, de la respiration, phénomènes dont nous sommes tous témoins à chaque instant de la vie; si, en un mot, on avait été, dès l'origine, bien pénétré de l'idée, entrevue par quelques philosophes, que les hommes vivent dans un océan gazeux comme les crustacés dans l'eau, on se serait depuis longtemps aperçu que l'air est de la matière au même titre que l'eau.

Voyons comment on est parvenu à découvrir que les *esprits de la chimie* sont des corps matériels, dont chacun a ses propriétés distinctes.

Gaz acide carbonique. — Dès l'origine confondu avec l'air proprement dit, le gaz acide carbonique fut pour la première fois reconnu comme un air distinct par *Van Helmont.* Grâce à cette indépendance de l'esprit qui n'accepte pas sans examen ce que les livres enseignent, Van Helmont (né à Bruxelles en 1577, mort en 1644), parvint à saisir ce qui avait échappé à tant d'observateurs. Ce riche seigneur belge, de la famille des comtes de Mérode, consacra sa fortune et ses loisirs à l'avancement de la science. A l'exemple de Paracelse et de Bernard Palissy, il mit lui-même la main à l'œuvre, et l'un des premiers il interrogea la nature au moyen de la balance[1]. Aussi obtint-il par sa méthode, alors nouvelle, les résultats les plus inattendus.

1. On voit la balance déjà représentée sur des monuments égyptiens dont l'origine remonte à plus de 5000 ans. Mais, chose curieuse, elle n'y figure que pour peser l'âme dans le fameux Jugement des morts. Servait-elle aussi à peser la matière?

La différence qui existe entre le volume du charbon et celui de la cendre que le charbon laisse après sa combustion, est un fait connu de tout le monde. Mais Van Helmont voulut l'approfondir, il voulut connaître la différence qui existe entre le charbon et la cendre pesés; il constata ainsi que 62 livres de charbon de chêne sec donnent une livre de cendre. Ce résultat lui fit faire un pas de plus, en se demandant ce que sont devenues les soixante-une livres qui manquent. L'expérience lui répondit qu'elles ont servi à former un fluide, un *esprit aérien*. Ce fut à cet esprit que Van Helmont donna le nom de *gaz* par excellence. Voici ses propres paroles : « Cet esprit, inconnu jusqu'ici, qui ne peut être contenu dans des vaisseaux, ni être réduit en un corps visible, je l'appelle d'un nom nouveau, *gaz*. »

Ce mot est donc de Van Helmont, et il l'appliqua le premier à l'acide carbonique, qui reçut d'abord le nom de *gaz sylvestre* ou *esprit de bois*. Le premier aussi il annonça que ce gaz, produit de la combustion du charbon, est le même que celui qui se dégage pendant la fermentation du moût; et la fermentation, il l'appelle « la mère de la transmutation, divisant les corps en atomes imperceptibles. »

Que de petits faits qui passent inaperçus, et qui, pour être fécondés, n'attendent que le souffle du génie!

Voici comment Van Helmont est parvenu à découvrir que c'est ce même gaz, le gaz acide carbonique, qui rend les vins mousseux. « Une grappe de raisin, non endommagée, se conserve, dit-il, et se dessèche. Mais une fois que l'épiderme est déchiré, le raisin subit bientôt l'action du ferment : c'est le commencement de sa transmutation. » — Puis, généralisant ce fait, il ajoute : « Ainsi, le jus des raisins, le suc des pommes, des baies, et même des fleurs et des branches contuses, éprouvent, sous l'influence du ferment, une effervescence, due au dégagement du gaz.... Ce gaz, étant comprimé avec beaucoup de force dans les tonneaux, rend les vins petillants et mousseux [1]. »

Van Helmont nous montre encore son *gaz* se dégageant « au moment où le vinaigre dissout des pierres d'écrevisses. »

Qui n'a vu ce mouvement d'ébullition qui se produit lorsqu'on répand du vinaigre fort sur de la craie ! Eh bien, il s'agit ici du même gaz ; car les pierres d'écrevisses ne sont, au fond, que du carbonate de chaux ou de la craie.

Il nous le montre aussi dans les mines, dans les celliers, dans les eaux minérales et dans certaines cavernes naturelles, et il en signale l'action délétère. « Rien n'agit, dit-il, plus promptement sur

1. *Ortus medicinæ*, p. 66.

nous que le *gaz*, comme le démontrent la grotte des Chiens (près de Naples) et les asphyxies par les charbons. Très-souvent il tue instantanément ceux qui travaillent dans les mines. On peut être asphyxié sur-le-champ dans les celliers où une liqueur fermentée laisse échapper son gaz. » — « Les eaux de Spa dégagent du gaz sylvestre : il est contenu dans les bulles qui s'attachent aux parois des vases. »

Une expérience bien facile à répéter et qui fit beaucoup réfléchir Van Helmont, est celle-ci : « Placez, dit-il, une bougie au milieu d'une cuvette; versez dans cette cuvette de l'eau de deux à trois doigts de haut; recouvrez la bougie, dont un bout soit hors de l'eau, d'une cloche de verre renversée. Vous verrez bientôt l'eau, comme par une espèce de succion, s'élever dans la cloche et prendre la place de l'air diminué, et la flamme s'éteindre. »

Que se passe-t-il dans cette expérience?

L'œil nous fait sans doute voir que le volume de l'air est diminué, que l'eau en est venue prendre la place, et que la flamme est éteinte. Mais ce ne sont là que des effets. Quelle en est la cause? Van Helmont l'ignorait. Ce grand observateur hasarde bien quelques hypothèses sur la nature de la flamme, qu'il appelle un *gaz incandescent*, et sur la formation du vide qui est aussitôt rempli par un autre corps ; mais il lui manquait la connaissance d'un fait capital, nécessaire à la liaison de tous les détails du phénomène. Ce fait, que Bergmann et Black ignoraient encore de leur temps, Lavoisier nous le fera connaître. Bergmann et Black connaissaient pourtant le gaz de Van Helmont : ils l'appelaient *acide aérien* et *gaz crayeux* [1].

Moyen de recueillir les gaz. — Pour approfondir l'étude des gaz et de leurs combinaisons, il fallait d'abord une chose bien simple, il fallait savoir les recueillir. L'avénement de la *Chimie pneumatique*, de la chimie moderne, n'était possible qu'à cette condition.

Quel est celui qui le premier enseigna méthodiquement le moyen de recueillir les gaz?

En 1718, sous la régence, demeurait, à Paris, dans une mansarde de la rue Saint-Hyacinthe, un pauvre et modeste physicien. Il s'appelait *Moitrel d'Élément*. Nous sommes heureux d'avoir tiré son nom de l'oubli [2].

1. Le gaz acide carbonique, que Van Helmont signala à l'attention des chimistes bien qu'il n'eût pas le moyen de le recueillir, est aussi le premier gaz qu'on soit parvenu à rendre liquide et à solidifier. Thillorier, en 1836, réussit, à l'aide d'une forte pression et d'un froid de — 20°, à obtenir ce gaz à l'état liquide et à l'état solide. Dans ce dernier état, il est blanc comme la neige, détermine sur la peau la sensation d'une brûlure, tant le froid qu'il engendre est excessif, et il reprend immédiatement l'état gazeux, sans passer par l'état liquide intermédiaire. Le froid qu'il produit est capable de congeler le mercure.

2. Voyez notre *Histoire de la chimie*, t. II, p. 342-345.

Pour gagner sa vie, Moitrel faisait des cours de manipulation, ainsi annoncés par voie d'affiches :

La manière de rendre l'air visible et assez sensible pour le mesurer par pintes, ou par telle autre mesure que l'on voudra; pour faire des jets d'air, qui sont aussi visibles que des jets d'eau.

Malgré la nouveauté du sujet, ce cours n'eut aucun succès, et, pour comble de malheur, Moitrel fut traité de visionnaire, d'halluciné, de fou, par les princes de la science, par les académiciens auxquels il s'était adressé pour obtenir l'approbation de sa méthode. Il résolut alors de mettre ses idées par écrit, et de les publier sous forme de brochure. Cette brochure, *dédiée aux dames*, fut imprimée en 1719; elle se vendait « trois sous, chez Thiboust, imprimeur-libraire, au Palais-de-Justice. »

Voici quelques passages de cette mémorable brochure, de l'apparition de laquelle on devrait dater la chimie moderne.

« Air plongé au fond de l'eau pour faire voir que tout est plein d'air et que nous en sommes environnés de toutes parts, comme les poissons sont environnés d'eau au fond des mers.

Expérience. « On plonge au fond de l'eau un grand verre à boire renversé, et l'on voit que l'eau n'entre point dans le verre, quoiqu'il soit renversé et ouvert. — *Explication.* « Un verre qui serait plein d'eau, le serait toujours, quoique renversé dans l'eau; il en est de même à l'égard de l'air. C'est pourquoi, lorsqu'on le plonge dans l'eau, l'eau n'y peut pas entrer, parce que l'air, qui est un corps, occupe la capacité du verre et résiste à l'eau. Si l'on veut voir cet air, il n'y a qu'à pencher le verre : on l'en voit sortir et l'eau y entrer en sa place.

« Mesurer l'air par pintes, ou par telle autre mesure que l'on voudra, pour faire voir que l'air est une liqueur qu'on peut mesurer comme les autres liqueurs.

Expérience. « On plonge dans l'eau une mesure (éprouvette) renversée, et on tient au-dessus de la mesure, le vase où l'on veut mettre l'air mesuré. Ce vase doit être renversé et plein d'eau. Lorsque l'on penche la mesure, on en voit sortir l'air qui coule au travers de l'eau, pour s'aller rendre dans le vase disposé à ce sujet, duquel il descend autant d'eau qu'il y monte d'air, parce que l'air est moins pesant que l'eau. » (Voy. la figure ci-contre.)

Les deux expériences que nous venons de citer, expériences conçues et décrites par Moitrel, ouvraient la voie à la *chimie pneumatique.* Recueillir les gaz, les rendre visibles et manipulables, tel fut le problème résolu par le physicien que l'Académie avait envoyé aux Petites-Maisons.

Moitrel doit donc être considéré comme l'un des précurseurs de la chimie moderne. Méconnu dans

sa patrie, il mourut à l'étranger. Une personne charitable l'avait emmené avec elle en Amérique.

L'oxygène clairement entrevu. — Si au moyen âge les alchimistes avaient connu l'invention de Moitrel, l'oxygène aurait été découvert plusieurs siècles avant Lavoisier. En voulez-vous la preuve? Voyez Eck de Sulzbach; c'est un alchimiste qui parcourait l'Allemagne à la fin du quinzième siècle. On ne sait rien de sa vie; mais il a laissé de son passage une trace lumineuse : il démontra le premier, expérimentalement, que *les métaux augmentent de poids quand on les calcine.* Cette expérience se trouve ainsi décrite dans la *Clef des Philosophes*, traité latin alchimique[1] :

« Six livres de mercure et d'argent amalgamés, ayant été chauffées (en vases ouverts) pendant huit jours, avaient éprouvé une augmentation de poids de trois livres. » La même expérience fut répétée au mois de novembre 1489. La date est précise.

Mais notre opérateur alla plus loin. A la question d'où pouvait venir une semblable augmentation de poids, il répondit : « cette augmentation vient de ce qu'*un esprit s'est uni au corps du métal.* » Pour le démontrer, il essaya d'isoler cet *esprit.* « Ce qui prouve, ajoute-t-il, la réalité de cette union c'est que le cinabre artificiel (oxyde rouge de mercure), soumis à la distillation, dégage un esprit. »

Cet *esprit*, c'était l'*oxygène*, dont la découverte devait inaugurer la chimie moderne.

Nous reviendrons sur cette expérience importante, qui resta, pendant près de trois siècles, ensevelie dans l'oubli. Pourquoi cet oubli? Parce qu'on ne connaissait pas le moyen de recueillir et de mesurer un *esprit*, ce *quelque chose* d'invisible, d'impalpable comme l'air.

Quant à l'augmentation du poids des métaux par

1. Reproduit dans le *Theatrum chimicum*, t. IV, p. 1139 et suiv.

la calcination, il suffisait d'employer la balance pour s'en assurer. C'était là un moyen trop commun, pour qu'on ne dût pas plus d'une fois en avoir fait usage avant Lavoisier. En effet, dès le seizième siècle, Cardan, Scaliger, Césalpin avaient signalé cette augmentation de poids, mais sans y insister. Ce ne fut que dans la première moitié du dix-septième siècle que ce fait devint l'objet d'une étude plus attentive de la part d'un chimiste français.

Jehan Rey, natif de Bugues, dans le Périgord, consacrait à la chimie le peu de loisir que lui laissait l'exercice de la médecine. Un pharmacien de Bergerac, nommé Brun, le consulta un jour sur un phénomène qui lui paraissait extraordinaire. Ce pharmacien, voulant calciner deux livres six onces d'étain, fut surpris d'en trouver, après l'opération, deux livres treize onces; impossible à lui d'expliquer d'où étaient venues les sept onces en plus. Rey chercha donc à en découvrir la cause, et il consigna le résultat de ses recherches dans un opuscule, aujourd'hui très-rare, intitulé : *Essays sur la recherche de la cause pour laquelle l'estain et le plomb augmentent de poids quand on les calcine*[1].

L'auteur conclut, d'une série d'expériences, que l'augmentation de poids vient de la fixation de l'air.

1. Bazas, 1630; brochure in-8, de 142 pages.

« A cette demande doncque, dit-il, pourquoi l'estain et le plomb augmentent de poids quand on les calcine, je responds et soustiens glorieusement que ce surcroît de poids vient de l'air, qui dans le vase a été espessi, appesanti et rendu aucunement adhésif par la véhémente et longuement continue chaleur du fourneau. »

En suivant la méthode expérimentale on serait rapidement arrivé à la connaissance de cet *air* qui se fixe sur les métaux pendant leur calcination. Mais une théorie fameuse, la théorie du *phlogistique* détourna les esprits de la bonne voie.

George-Ernest Stahl, mort en 1734, médecin du roi de Prusse, attribuait au feu le rôle que Jean Rey faisait jouer à l'air.

La théorie du phlogistique repose sur une distinction purement imaginaire, sur la distinction du feu libre et du feu fixe ou combiné. Partant de là, voici comment raisonnait Stahl. Tous les corps combustibles renferment en eux-mêmes un principe de combustibilité ; c'est leur combinaison avec le feu qui les rend combustibles. Le feu ainsi fixé, c'est là ce que Stahl appelait *phlogistique* ou principe combustible. Ce principe, insaisissable à l'état de combinaison, ne devient appréciable à nos sens qu'au moment où il se dégage : il reprend alors toutes les propriétés ordinaires du feu, accompagné de chaleur et de lumière. Plus un corps est combustible ou inflammable, plus il est riche en phlogistique. Le charbon, les huiles, les corps gras, le soufre, le phosphore, etc., sont particulièrement riches en phlogistique, et ils le communiquent facilement à ceux qui en manquent. Telle est, en abrégé, la théorie de Stahl qui, pendant plus d'un siècle, domina la science[1].

En voici maintenant l'application. Qu'est-ce qu'un métal? C'est, répond Stahl, un corps composé. Quels sont ses éléments? Le phlogistique et une matière terreuse particulière, appelée *chaux*, qu'il ne faut pas confondre avec la chaux commune. Le phlogistique est partout le même, tandis que la matière terreuse ou la *chaux* varie suivant la nature du métal. Pendant la *calcination*, c'est-à-dire pendant que, à l'aide de la chaleur, le métal se convertit en chaux (*calx*), le phlogistique se dégage, et la chaux reste. Voulez-vous rendre à cette chaux toutes les propriétés qui caractérisent le métal? Rendez-lui son phlogistique. En reprenant son phlogistique, la rouille (chaux ou oxyde de fer) redeviendra fer, le pompholix (chaux ou oxyde de zinc) redeviendra zinc, etc. Comment ferez-vous reprendre à ces substances leur phlogis-

1. Stahl a exposé sa théorie dans un livre allemand extrêmement rare, intitulé *Zufællige Gedanken*, etc. (Simples pensées, Hallo, 1718.)

tique? En les chauffant avec du charbon, avec des graisses, en un mot, avec des matières riches en phlogistique et qui l'abandonnent facilement.

Stahl connaissait le fait de l'augmentation du poids des métaux pendant leur calcination. Vous croyez peut-être que ce fait devait l'embarrasser? Détrompez-vous : « Je sais fort bien, dit-il, que les métaux augmentent de poids quand on les calcine. Mais ce fait, loin d'infirmer ma théorie, vient au contraire la confirmer. Car le phlogistique, étant plus léger que l'air, tend à soulever le corps avec lequel il est combiné et à lui faire perdre une partie de son poids ; ce corps pèse donc davantage après avoir perdu son phlogistique. »

Ainsi, d'après l'idée de Stahl, le phlogistique aurait la propriété de rendre un corps pesant plus léger : il ferait l'office d'un ballon rempli d'hydrogène. Ce n'est point là une pure image; car après la découverte de l'hydrogène, gaz plus léger que l'air, les disciples de Stahl prirent, en effet, ce gaz pour le phlogistique même.

L'explication de Stahl repose sur une erreur manifeste. Sans doute, un métal auquel, avant de le mettre sur le plateau d'une balance, on aurait attaché un ballon rempli de gaz hydrogène, pèsera moins que le même métal sans le ballon qui le soulèverait; mais un gaz, à l'état de combinaison, occupera un espace beaucoup plus petit qu'à l'état de liberté, par conséquent il déplacera un volume d'air moindre, et, quoiqu'il soit plus léger que l'air, il pesera toujours au moins quelque chose; combiné avec le métal il en augmentera donc le poids.

Rien de plus simple en apparence que la théorie du phlogistique. Cette simplicité a même de quoi nous épouvanter, car elle montre combien l'erreur peut prendre aisément le masque de la vérité, et trouver les plus ardents défenseurs.

Ce qui fait, en général, le succès des théories erronées c'est que les principes qui doivent les renverser, sont lents à se faire jour. A l'époque de Stahl, on n'avait encore aucune connaissance exacte des gaz. Mais après la découverte de l'azote, de l'oxygène, de l'hydrogène, la théorie stahlienne devint de plus en plus difficile à soutenir. Chaque nouvelle découverte y ajoutait un nouvel embarras, et il advint ici ce qui arriva au système de Ptolémée. Le progrès, dans sa marche irrésistible, finit par renverser tous les vains échafaudages.

Partout et en toute chose, l'homme a débuté par l'erreur. C'est pourquoi la science avance bien moins en affirmant des principes qu'en détruisant des erreurs.

FONDATION DE LA CHIMIE MODERNE

II

FONDATION DE LA CHIMIE MODERNE

ROBERT BOYLE.

Peu d'hommes ont autant de titres au respect et à la reconnaissance de la postérité que Robert Boyle. Fuyant toutes les vanités du monde, il n'eut qu'une seule ambition, celle de faire avancer la science et de secourir les malheureux. Aussi consacra-t-il à ce noble but son temps, sa fortune, sa vie tout entière. Il importe donc de faire plus ample connaissance avec un savant d'une aussi rare espèce.

R. Boyle appartenait à l'aristocratie de la Grande-Bretagne. Fils de Richard, comte de Cork et d'Orrery, il naquit en Irlande le 25 janvier 1626, l'année même de la mort du chancelier Bacon. Sa santé délicate le fit renoncer à la carrière ecclésiastique, et décida ses parents à le faire voyager sur le continent. Il traversa la France, s'arrêta quelque temps à Genève, visita la Suisse et l'Italie. A la mort de son père, il se trouva à la tête d'une fortune considérable.

Boyle avait vingt ans, quand il vit sa patrie menacée de toutes les horreurs de la guerre civile. Pour fuir le théâtre de la politique, il se retira dans sa terre de Stalbridge et s'y voua entièrement à l'étude des sciences physiques. Pendant les dissensions du Parlement avec la royauté, prélude d'un drame sanglant, Boyle réunissait autour de lui quelques hommes d'élite pour débattre des questions scientifiques. Dès 1646, ces conférences se tenaient, sous le nom de *collége philosophique*, tantôt à Londres, tantôt à Oxford. Ce fut là le noyau de la Société royale de Londres, l'émule de l'Académie des sciences de Paris.

La modestie de Boyle augmentait avec sa célébrité. Il refusa la dignité de la pairie, à laquelle il avait droit; il refusa même la présidence de la Société royale, qui était son œuvre. Honoré successivement de l'estime particulière de Charles II, de Jacques II et de Guillaume I, il n'employa son crédit qu'à solliciter des encouragements pour le progrès des sciences. Sa maison était ouverte à tous ceux qui voulaient s'instruire comme à tous ceux qui souffraient. Sa fortune était employée à faire construire des laboratoires, à fonder des bibliothèques et à soulager les pauvres. Il était lui-même d'une sobriété exemplaire; simple dans sa mise, il était ennemi de toute emphase, il parlait lentement, discutait peu, et énonçait plus souvent des doutes que des affirmations. Il s'éteignit à l'âge de soixante-cinq ans, et fut enterré à l'abbaye de Westminster.

Quel beau modèle que Robert Boyle! Et pourtant sa mémoire est aujourd'hui à peu près oubliée. Les chimistes eux-mêmes ne connaissent guère son nom que par celui de la *liqueur fumante de Boyle* [1]. La gloire de revivre dans la postérité n'est-ce pas une illusion?

Après avoir montré l'homme, faisons connaître ses travaux.

Convaincu de la nécessité d'une réforme radicale, Boyle conçut la chimie sur un plan nouveau. Il en avait si bien la conscience, qu'il s'en expliqua lui-même très-clairement. « Les chimistes, dit-il, se sont laissés jusqu'ici guider par des principes étroits et sans aucune portée. La préparation des médicaments, l'extraction ou la transmutation des métaux, tel est le cercle de leurs études. Quant à

1. C'est le sulfhydrate d'ammoniaque, obtenu en soumettant à la distillation un mélange intime de soufre, de chaux vive et de sel ammoniac.

moi, j'ai voulu partir d'un tout autre point de vue : j'ai considéré la chimie en philosophe, et non en médecin et en alchimiste. Partant de là, j'ai tracé le plan d'une philosophie chimique, que je serais heureux de voir complétée par l'expérience. »

Voilà comment Boyle, pour préparer l'avenir de la science, rompit en visière avec les vaines spéculations du passé. Faisant un appel à la méthode expérimentale, il ajoute : « Si les hommes avaient plus à cœur le progrès de la vraie science que leur propre réputation, il serait facile de leur faire comprendre que le plus grand service à rendre au monde, ce serait de mettre tous leurs soins à faire des expériences, à recueillir des faits ou des observations, et à s'abstenir de l'établissement d'une théorie avant d'avoir expliqué tous les phénomènes qui doivent y entrer[1]. »

Son vœu le plus ardent était de répandre et de populariser la méthode expérimentale.

C'est par l'usage de cette méthode que Boyle fut amené à douter de la nature élémentaire de la terre, de l'air, de l'eau et du feu. Il conseillait de ne pas s'astreindre au nombre de trois, de quatre ou de cinq éléments, et il semblait entrevoir le moment où l'on en découvrirait un nombre bien plus considérable. « Il est, dit-il, très-possible que tel corps

1. *Preliminary Discourse*, vol. I, p. XI et suiv.

composé renferme seulement deux éléments particuliers, que tel autre en renferme trois, tel autre encore, quatre, etc., de manière que des substances différentes se composeraient chacune d'un nombre variable d'éléments. Bien plus, tel composé pourrait être formé d'éléments de nature toute différente de ceux qui formeraient tel autre composé, comme il y a des mots qui ne renferment pas les mêmes lettres que d'autres mots. »

On sait comment ces paroles se sont accomplies : le perfectionnement de l'analyse continue de multiplier le nombre des corps élémentaires.

Non content de s'attaquer à la doctrine des philosophes anciens, Boyle sapa par la base la théorie des alchimistes qui considéraient le soufre, le mercure et le sel comme les éléments par excellence. « Je voudrais bien, s'écrie-t-il, savoir comment on pourrait parvenir à décomposer les métaux en soufre, en mercure et en sel; je m'engagerais à payer tous les frais de cette opération. J'avoue, pour mon compte, que je n'ai jamais pu y réussir [1]. »

Origine de l'analyse chimique. — Boyle reprochait particulièrement aux chimistes anciens d'avoir confondu des composés avec des corps simples, et cette confusion, il l'attribuait en grande partie,

1. *The sceptical chymist*, vol. III, p. 295.

à ce qu'ils n'avaient pas distingué la combustion de la distillation, l'action du feu à l'air libre de l'action du feu en vaisseau clos.

Cette distinction avait toute l'importance d'une découverte : c'est de là que date l'analyse chimique. Cependant Boyle en reconnaissait lui-même toutes les difficultés. « Il n'est pas, dit-il, aussi aisé qu'on le pense, d'apprécier exactement tous les effets de la chaleur. Ainsi, le bois qui brûle à feu nu, au contact de l'air, se réduit en cendres et en noir de fumée, tandis que, soumis à la distillation ou chauffé en vases fermés, il se décompose en huile de goudron, en esprit de bois (alcool), en vinaigre, en eau et en charbon. » Cela est parfaitement exact.

Si la sagacité consiste à saisir dans les faits, en apparence fort insignifiants, les conséquences qui en découlent, Boyle aura été un des hommes les plus sagaces que mentionne l'histoire des sciences. Citons quelques exemples à l'appui. « Vous composez, dit-il, du savon avec de la graisse et de l'alcali, et pourtant ce savon, chauffé dans une corne donnera des produits nouveaux, qui ne ressemblent ni à la graisse, ni à l'alcali employés ; il s'y trouve surtout une huile très-acide, fétide, et tout à fait impropre à faire du savon[1]. — Autre exemple : vous mêlez

1. Cette huile contenait les acides oléique, margarique, stéarique, qui ne furent découverts que près de cent cinquante ans après la mort de Boyle.

du sel ammoniac, en proportion convenable, avec la chaux vive. Eh bien, en chauffant ce mélange, vous obtiendrez un esprit très-volatil, d'une odeur pénétrante[1], et tout à fait différent de l'ammoniaque : la partie fixe, ne ressemble en rien à la chaux ; elle a de l'analogie avec le sel marin[2]. »

De ces expériences diverses, Boyle conclut légitimement que les matières soumises à l'action du feu se décomposent dans un ordre tout différent de celui dans lequel elles avaient été composées.

L'air atmosphérique. — Boyle définit l'air un fluide ténu, transparent, compressible, dilatable, enveloppant la surface de la terre jusqu'à une hauteur considérable et se distinguant de l'éther en ce qu'il réfracte les rayons du soleil.

Il démontra, par une série d'expériences, que l'air renferme un fluide élastique particulier, qui joue un grand rôle dans les opérations chimiques, et notamment dans les phénomènes de la combustion. « Je remarque, dit-il, avec étonnement, qu'il existe dans l'air une substance qui est seule propre à entretenir la flamme, et qu'une fois cette matière consommée la

1. Cet esprit était le gaz ammoniac, dont la nature et la composition ne furent découvertes qu'à l'époque de Lavoisier et de Berthollet.

2. C'était le chlorure de calcium, composé analogue au chlorure de sodium (sel marin).

flamme s'éteint aussitôt, et pourtant l'air qui reste a fort peu perdu de son élasticité. » Cette matière qu'il nommait *substance vitale*, Lavoisier l'appela *oxygène*.

Ces expériences, ingénieusement variées, paraissent avoir surtout fixé l'attention de Lavoisier et de Priestley.

Nous en dirons autant des expériences de Boyle sur la respiration et la fermentation. Cet expérimentateur sagace parvint le premier à démontrer que les poissons eux-mêmes ont besoin d'air pour respirer, et qu'ils consomment l'air naturellement contenu dans l'eau, enfin que la fermentation, pas plus que la respiration, ne peut s'effectuer dans le vide.

L'air peut-il être engendré artificiellement?

A cette question Boyle répondit par une expérience extrêmement intéressante. Il remplit un petit matras de parties égales d'huile de vitriol (acide sulfurique) et d'eau commune. En y ajoutant quelques clous de fer, il vit aussitôt se dégager une multitude de bulles aériformes. Il eut l'idée de faire passer ces bulles, au moyen d'un tube recourbé, dans un vase de verre renversé et plein d'eau. Celle-ci fut bientôt tout entière remplacée par un corps qui avait tout à fait l'aspect de l'air.

Ce corps aériforme, c'était l'hydrogène. Malheureusement Boyle ne comprit pas grand'chose à cette découverte prématurée, et il ne songea point à généraliser sa méthode de recueillir les gaz. D'autres observateurs devaient y revenir après de nombreuses années.

En attendant, le procédé qui sert encore aujourd'hui à préparer l'hydrogène, ne servit à Boyle qu'à faire une hypothèse, assez ingénieuse d'ailleurs pour mériter d'être reproduite. D'après cette hypothèse, la différence des composés serait due à l'inégalité de forme, de grandeur, de texture et de mouvement des molécules élémentaires ; un ou deux éléments primitifs suffiraient pour produire toute la variété des corps de la nature. « Et pourquoi, demande l'auteur, les molécules de l'eau ou de toute autre substance ne pourraient-elles pas, dans certaines conditions, être groupées et mues de manière à mériter le nom d'air? » — C'est là, comme on voit, l'hypothèse de l'unité de matière ou de substance, hypothèse qui compte aujourd'hui plus d'un partisan.

La rouille ou chaux des métaux. — L'origine des chaux (oxydes et sous-carbonates) métalliques fut pendant longtemps une des questions les plus controversées par les chimistes. Boyle était convaincu que l'étude de ces produits conduirait directement à la connaissance de la composition de l'air, après avoir montré que le vert-de-gris et la rouille de fer sont engendrés « par des effluves corrosifs de l'air. » Cette conviction ne devait se changer en certitude que trois générations après la mort de Boyle.

Dans son *Traité du feu et de la flamme, pesés dans une balance*, le célèbre expérimentateur revient sur ces effluves ou éléments invisibles « qui s'échappent inaperçus à travers les jointures des vaisseaux distillatoires. » Il donne les détails d'expériences nombreuses sur l'augmentation du poids des métaux (cuivre, plomb, étain) par la calcination. Ayant obtenu à peu près les mêmes résultats en calcinant les métaux, soit dans des creusets ouverts, soit dans des creusets fermés, il était arrivé à conclure que « cette augmentation de poids est due à la fixation des molécules du feu qui passent à travers les pores du creuset. »

Cette conclusion, en apparence si naturelle, fut adoptée par tous les savants d'alors comme l'expression de la vérité. C'était cependant une erreur, comme parvint plus tard, non sans beaucoup de peine, à le démontrer Lavoisier.

Parmi les nombreux disciples de Boyle nous citerons Jean Mayow (né en 1645, mort en 1679).

Le nitre ou salpêtre se forme, comme on sait, naturellement sur les vieux plâtras et les murs humides. Le voisinage des étables paraît en favoriser la formation. Pour expliquer ce phénomène, qui avait déjà occupé l'esprit de bien des observateurs, Mayow admit dans l'air l'existence d'un gaz particulier, qu'il appela *esprit nitro-aérien.* « Pour faire du nitre, disait-il, il faut de la terre et de l'air. La terre en fournit la partie fixe et l'air la partie volatile. » Cette explication était parfaitement justifiée; car Mayow entendait par « la partie fixe » l'alcali (potasse), la base du nitre, et par « la partie volatile, » l'acide (acide nitrique) de ce sel.

Mayow reconnut aussi l'identité de l'esprit nitro-aérien avec le gaz qui corrode le fer pour le changer en rouille, et il en montra l'intervention nécessaire dans les phénomènes de la combustion et de la respiration. « On m'accordera, dit-il, qu'il existe quelque chose d'aérien, nécessaire à l'alimentation de la flamme. Car l'expérience démontre qu'une flamme exactement emprisonnée sous une cloche ne tarde pas à s'éteindre, non pas, comme on le croit communément, par l'action de la suie qui se produit, mais par privation d'un élément aérien. Dans un verre, où l'on a fait le vide, il est impossible de faire brûler, à l'aide d'une lentille, les substances mêmes les plus combustibles, telles que le soufre et le charbon[1]. »

Pour démontrer que, pendant la respiration, les animaux enlèvent à l'air ses *particules vitales*,

1. *Tractatus quinque medico-physici;* Oxford, 1674, in-8.

Mayow faisait respirer des animaux emprisonnés sous des cloches de verre renversées sur des cuves pleines d'eau. Il voyait alors l'eau monter dans l'intérieur des cloches, comme dans l'expérience de la combustion.

Les particules nitro-aériennes, absorbées pendant la respiration, sont, suivant cet habile observateur, « destinés à changer le sang noir ou veineux en sang rouge ou artériel. » C'est exactement le rôle qu'on attribue aujourd'hui au gaz oxygène.

Mayow fait aussi dériver la chaleur animale de la respiration, et il attribue à l'absorption de ces mêmes particules nitro-aériennes la formation du moût, de la bière, etc. Que de découvertes faites longtemps avant ceux qui en réclament aujourd'hui l'honneur !

LAVOISIER.

Lavoisier acheva l'œuvre commencée par R. Boyle. En renversant la théorie du phlogistique il mit fin à la chimie ancienne, et inaugura, pour la science, une ère nouvelle.

Lavoisier (Antoine-Laurent) naquit à Paris, le 26 août 1743. Son père, riche commerçant, lui donna une éducation soignée. Le jeune Lavoisier comptait parmi les meilleurs élèves du collége Mazarin ; plus tard, entraîné par son goût pour les sciences, il travaillait dans le laboratoire de Rouelle au Jardin des Plantes, suivait les cours d'astronomie de la Caille à l'Observatoire, accomgnait Bernard de Jussieu dans ses herborisations, et assistait Guettard dans ses excursions géologiques. Il ne vivait pour ainsi dire qu'avec ses maîtres. Aussi à vingt-un ans fut-il à même de concourir pour un prix académique. En 1764, l'Académie des sciences avait proposé pour prix extraordinaire, de *trouver la meilleure manière d'éclairer les rues d'une grande ville, en combinant ensemble la clarté, la facilité du service et l'économie.* On raconte que, pour rendre ses yeux plus sensibles aux différentes intensités de la lumière des lampes, le jeune concurrent fit teindre sa chambre en noir et s'y enferma pendant six semaines sans voir le jour. Son mémoire, récompensé d'une médaille d'or, fut imprimé par ordre de l'Académie.

Dans un voyage, entrepris en 1765 avec Guettard, Lavoisier recueillit les matériaux d'un mémoire également imprimé par ordre de l'Académie, *Sur les couches des montagnes.* Ce mémoire fut bientôt suivi d'un autre *Sur l'analyse des gypses des environs de Paris*, ainsi que de plusieurs articles de physique *Sur le passage de l'eau à l'état de glace*, *Sur le tonnerre*, *Sur l'aurore boréale*, etc., articles insérés dans les recueils scientifiques d'alors.

Ces travaux divers lui ouvrirent, à vingt-cinq ans, les portes de l'Académie, où il succédait au chimiste Baron. Lavoisier avait eu pour concurrent le minéralogiste Jars, dont la candidature était vivement appuyée par Buffon, et patronné par un puissant ministre, le duc de Choiseul. Ces détails nous ont été transmis par l'un de ses collègues et juges : « Je contribuai, dit Lalande, à l'élection de Lavoisier, quoique plus jeune et moins connu, par cette considération qu'un jeune homme qui avait du savoir, de l'esprit, de l'activité et que sa fortune dispensait d'avoir une autre profession, serait naturellement très-utile aux sciences. »

Le titre d'académicien fut, en effet, pour Lavoisier, un encouragement plutôt qu'une récompense. Aussi continua-t-il à suivre avec plus d'ardeur que jamais la voie où il s'était engagé librement. La chimie devint bientôt son étude favorite, et il n'épargna ni temps ni fortune pour l'avancement de cette science. Ce fut principalement pour subvenir à des expériences coûteuses qu'il sollicita et obtint, en 1769, une place de fermier-général.

Lavoisier réunissait, chez lui, régulièrement une fois par semaine, des savants français et étrangers pour leur soumettre les résultats de ses travaux de laboratoire et provoquer des objections ou l'émission d'idées nouvelles. Ces conférences formaient une académie militante, qui battait en brèche la chimie alors enseignée, la chimie des écoles.

Trois problèmes avaient particulièrement fixé l'attention de Lavoisier : *La nature de l'air*, *L'augmentation du poids des métaux par la calcination* et *L'insuffisance de la théorie du phlogistique*. Ces trois problèmes étaient connexes : résoudre l'un c'était donner indirectement la solution des deux autres. Dès 1770 son opinion était probablement déjà arrêtée ; il avait quelque raison de croire que l'air n'est pas un corps simple, que les métaux absorbent pendant leur calcination, sinon la totalité, au moins une partie de l'air, enfin que la théorie du phlogistique est une erreur. Cette triple croyance, qui exigeait des preuves, alimentait le feu sacré du génie, et formait en quelque sorte le centre de ses recherches. Mais, tant qu'il lui manquait la sanction de l'expérience, il n'avait pas même osé l'émettre sous forme d'hypothèse.

De la nature de l'air. — De tout temps les philosophes et les physiciens avaient discuté sur la nature de l'air, et au milieu du dix-huitième siècle ils n'étaient guère plus avancés qu'à l'époque de Thalès qui vivait plus de six cents ans avant notre ère. Anaximène (qui vivait au sixième siècle avant J.-C.) faisait de l'air le principe de toute chose. Suivant Anaxagore (mort en 426 avant J. C.) l'air est un mélange qui renferme les éléments de tous les êtres, et Héraclite y voyait l'aliment du feu.

Mais ces données de l'antiquité, reproduites au moyen âge, sont bien vagues. Il faut arriver jusqu'à Boyle et Jean Mayow, pour les voir en partie confirmées expérimentalement[1].

Lavoisier connaissait les expériences de Van Helmont, de Rey, de Boyle, de Mayow, de Hales, de Bonnet, etc. Il citait avec soin, quand l'occasion s'en

1. Voyez pages 65 et 68.

présentait, les travaux de ses prédécesseurs; mais aucun n'avait posé la question de la composition de l'air aussi nettement que lui. Ainsi, après avoir mentionné les belles expériences de Bonnet sur la fonction des feuilles dans les plantes, Lavoisier ajoute : « On dira peut-être que, si l'air est la source où les végétaux puisent les différents principes que l'analyse y découvre, ces mêmes principes doivent exister et se retrouver dans l'atmosphère. Je répondrai que, quoique nous n'ayons point encore d'expériences démonstratives en ce genre, on ne saurait douter cependant que la partie basse de l'atmosphère, celle dans laquelle croissent les végétaux, ne soit extrêmement composée. *Premièrement*, il est probable que l'air qui en fait la base n'est point un être simple, un élément, comme l'ont pensé les premiers physiciens; *secondement*, ce fluide est le dissolvant de l'eau et de tous les corps volatils qui existent dans la nature. »

C'est ainsi que Lavoisier posait le problème dont la solution devait porter le coup de grâce à l'antique théorie des éléments. — Les paroles que nous venons de citer se trouvent incidemment dans le mémoire intitulé : *Sur la nature de l'eau et sur les expériences par lesquelles on a prétendu prouver la possibilité de son changement en terre*[1]. Dans ce mémoire,

1. Dans les *Mémoires de l'Académie des sciences*, année 1770,

Lavoisier démontra que le changement de l'eau en terre[1] est une illusion, que la nature de l'eau n'est pas altérée par la distillation, et que la terre peut, en partie, se dissoudre dans l'eau.

Après avoir posé le problème de la composition de l'air, voici comment il en aborde la solution. Sachant qu'il est impossible de calciner des métaux dans des vaisseaux exactement clos et privés d'air, et que la calcination est d'autant plus prompte que le métal offre à l'air des surfaces plus multipliées, Lavoisier *commençait à soupçonner*, — ce sont là ses propres expressions,— « qu'un fluide élastique quelconque, contenu dans l'air, était susceptible, dans un grand nombre de circonstances, de se fixer, de se combiner avec les métaux, et que c'était à l'addition de cette substance qu'était dû le phénomène de la calcination, l'augmentation de poids des métaux convertis en chaux. »

Eh bien, ce que cet homme de génie *commençait à soupçonner* c'était la vérité même. Malheureusement les expériences sur lesquelles il croyait s'appuyer l'induisirent en erreur. Ces expériences consistaient à brûler soigneusement, à l'aide d'un miroir ardent, un mélange pesé de minium (chaux de plomb) et de charbon dans une quantité d'air mesurée d'a-

et au commencement du t. II des *OEuvres de Lavoisier* (Paris, Imprimerie impériale, 1862).

1. Voyez plus haut, page 16.

vance. Nous savons *aujourd'hui* quel résultat ces expériences devaient donner : le fluide élastique (nommé plus tard *oxygène*), qui par sa combinaison avec le plomb formait la chaux (oxyde de plomb), ce fluide, au lieu de se dégager librement, se portait, en abandonnant le plomb, redevenu métal, sur le charbon pour se combiner avec lui et produire ainsi un autre fluide, identique avec celui que dégage la craie traitée par un acide, et qui reçut plus tard le nom de gaz *acide carbonique.* Or, ce fut ce gaz-là que Lavoisier prit d'abord pour l'oxygène, c'est-à-dire pour le fluide élastique qui se fixe sur le métal pendant la calcination. Évidemment il se trompait; et son erreur était presque inévitable; car, par une étrange fatalité, il avait précisément affaire à un gaz qui, en se combinant avec le charbon, ne change pas de volume. Personne ne savait *alors* (en 1772) que le même volume d'oxygène donne, par sa combinaison avec le carbone, exactement un égal volume d'acide carbonique. Ce fait important, Lavoisier ne devait l'apprendre que quatre ans plus tard; et ce fut lui-même qui le découvrit en brûlant du diamant (à l'aide d'un miroir ardent) dans de l'oxygène pur.

Ainsi donc, ce grand expérimentateur se trompait de la meilleure foi du monde, et il ne pouvait pas ne pas se tromper : il lui manquait un terme dans la progression — du progrès. Dans toute l'histoire il n'y a pas, à notre avis, de spectacle plus grandiose que celui de l'homme aux prises avec l'erreur, et qui parvient, à force de patience et d'efforts, à saisir enfin le terrible Protée.

Lavoisier croyait si bien tenir la vérité (en prenant le gaz acide carbonique, produit pendant la réduction de l'oxyde de plomb, pour l'oxygène de l'air), qu'il déposa le 1er novembre 1772, le résultat de son expérience, sous pli cacheté, au secrétariat de l'Académie. Dans un document, publié après sa mort, il explique lui-même le motif de cette précaution. « J'étais, dit-il, jeune ; j'étais nouvellement entré dans la carrière des sciences ; j'étais avide de gloire, et je crus devoir prendre quelques précautions pour m'assurer la propriété de ma découverte. Il y avait à cette époque une correspondance habituelle entre les savants de France et ceux d'Angleterre ; il régnait entre les deux nations une sorte de rivalité, qui donnait de l'importance aux expériences nouvelles, et qui portait quelquefois les écrivains de l'une et de l'autre nation à les contester à leur véritable auteur. » — Ces dernières paroles semblent particulièrement faire allusion à Black, professeur de chimie à Édimbourg, que Lavoisier se plaisait à appeler son maître.

Mais revenons à la lutte du génie aux prises avec l'erreur. Poussé pour ainsi dire par l'instinct du vrai, Lavoisier recommença ses expériences, et cette fois il réussit à démontrer « que ce n'est point le charbon seul, ni le minium (oxyde de plomb) seul, qui produit le dégagement de fluide élastique ainsi obtenu, mais que celui-ci résulte de l'union du charbon avec une partie du minium. »

Cette fois, il tenait la vérité ; mais il la lâcha presque aussitôt pour sacrifier à la théorie du phlogistique, dont il subissait, malgré lui, l'empire. Afin de mettre les faits d'accord avec cette théorie, Lavoisier inclinait à penser « que tout fluide élastique résulte de la combinaison d'un corps quelconque avec un principe inflammable ou peut-être même avec la matière du feu pur, et que c'est de cette combinaison que dépend l'état d'élasticité. » — « J'ajouterai (c'est Lavoisier qui parle) que la substance fixée dans les chaux métalliques et qui en augmente le poids ne serait pas, à proprement parler, dans cette hypothèse, un fluide élastique, mais la partie fixe d'un fluide élastique, qui a été dépouillée de son principe inflammable. Le charbon alors, ainsi que toutes les substances charbonneuses employées dans les réductions, aurait pour objet principal de rendre au fluide élastique fixé, le phlogistique, la matière du feu, et de lui restituer en même temps l'élasticité qui en dépend[1]. »

Que d'efforts pour faire cadrer les faits avec une théorie fausse ! Cependant il n'était guère possible

1. *Opuscules chimiques* de Lavoisier, p. 288.

de mieux raisonner dans l'état de la science d'alors. Faites vivre nos plus habiles chimistes à la même époque et dans les mêmes circonstances que Lavoisier; ne se seraient-ils pas tous trompés comme lui? Peut-être n'y auraient-ils pas mis autant de réserve lorsque, comme correctif de l'hypothèse qu'il venait d'émettre, il se hâta d'ajouter: « Au surplus, ce n'est qu'avec la plus grande circonspection qu'on peut hasarder un sentiment sur cette matière si délicate et si difficile, et qui tient de près à une plus obscure encore, je veux dire de la nature des éléments mêmes, ou au moins de ce que nous regardons comme éléments. »

Bientôt d'autres expériences portèrent Lavoisier à établir « que l'air dans lequel on a calciné des métaux n'est point dans le même état que celui dégagé des effervescences et des réductions. » Il reconnut en même temps que si les deux fluides élastiques éteignent la flamme, ce sont cependant des corps très-distincts, puisque l'un trouble l'eau de chaux, tandis que l'autre est sans effet sur cette dissolution. Ce sont les mêmes gaz qui, dans la nomenclature, créée plus tard par Lavoisier et Guyton de Morveau, reçurent les noms d'*acide carbonique* et d'*azote*.

A côté de ces expériences, irréprochables, il y en avait d'autres qui ne l'étaient guère; telle était l'expérience d'après laquelle un oiseau pourrait vivre sans souffrir dans le *résidu de l'air*, où l'on avait fait brûler du phosphore. Nous savons aujourd'hui que l'azote[1], — c'est le gaz dont il s'agit ici, — est aussi irrespirable que le gaz acide carbonique. Mais ce qu'il y a de singulier, c'est que l'erreur commise par Lavoisier, au sujet des animaux pouvant vivre dans l'azote, fut partagée par d'autres chimistes; bien plus, elle fut solennellement sanctionnée dans le rapport fait, au nom de l'Académie des sciences, par Marquer, Le Roy, Cadet et Trudaine, chargés d'examiner le travail de leur illustre collègue. Voici en quels termes l'Académie ratifie cette erreur : « Enfin, l'air dans lequel le phosphore avait cessé de brûler sous cloche, faute de renouvellement de l'air, éprouvé sur les animaux, ne les a pas fait périr, comme celui des effervescences et des réductions métalliques, quoiqu'il éteignît la bougie dans le moment même où il en touchait la flamme[2]. »

Quand donc les hommes comprendront-ils que la réunion de tous leurs efforts n'est pas de trop dans la recherche de la vérité!

Le point central de toutes ces expériences c'est que « la calcination des métaux dans des vaisseaux exactement fermés cesse dès que la partie fixable

1. Le nom d'*azote* lui vient précisément de ce qu'il est impropre à l'entretien de la vie.

2. Ce rapport, publié le 7 décembre 1773, a été reproduit à la fin des *Opuscules physiques et chimiques* de Lavoisier, p. 369-387.

de l'air qui y est contenu a disparu; que l'air se trouve diminué, d'environ un vingtième, par l'effet de la calcination, et que le poids du métal se trouve augmenté d'autant. » C'est de là que vont désormais rayonner les principaux travaux de Lavoisier. Dès 1774, le grand chimiste lut à l'Académie, dans la séance publique de la Saint-Martin, son beau mémoire intitulé : *Sur la calcination de l'étain dans les vaisseaux fermés et sur la cause de l'augmentation de poids qu'acquiert ce métal pendant cette opération.*

La vérité, comme la fortune, allait sourire à Lavoisier, lorsque l'autorité d'un homme célèbre vint se jeter à la traverse. La plupart des chimistes et des physiciens, contemporains de Lavoisier, ne juraient que par l'autorité de Robert Boyle. Nous avons vu comment ce grand expérimentateur était parvenu à croire que la *matière de la flamme et du feu* pénétrait à travers la substance du verre, qu'elle se combinait avec les métaux, et que c'était à cette union qu'était due la conversion des métaux en chaux et l'augmentation de poids qu'ils acquéraient.

Cette opinion semblait devoir venir à l'appui de la théorie du phlogistique.

Lavoisier entreprit donc de contrôler les expériences de Boyle, et, pour procéder avec méthode, il fit le raisonnement suivant : « Si, se disait-il, l'augmentation de poids des métaux calcinés dans les vaisseaux fermés est due, comme le pensait

Boyle, à l'addition de la matière du feu qui pénètre à travers les pores du verre et se combine avec le métal, il s'ensuit que si, après avoir introduit une quantité connue de métal dans un vaisseau de verre et l'avoir scellé hermétiquement, on en détermine exactement le poids, qu'on procède ensuite à la calcination par le feu des charbons, comme l'a fait Boyle, enfin qu'on repèse le même vaisseau après la calcination, avant de l'ouvrir, son poids devra se trouver augmenté de toute la quantité de matière du feu qui s'est introduite pendant la calcination. Si, au contraire, l'augmentation du poids de la chaux métallique n'est point due à la combinaison de la matière du feu ni d'aucune matière extérieure, mais à la fixation d'une portion de l'air contenu dans la capacité du vaisseau, le vaisseau ne devra point être plus pesant après la calcination qu'auparavant, il devra seulement se trouver en partie vide d'air, et ce n'est que du moment où la portion d'air manquante sera rentrée que l'augmentation du poids du vaisseau devra avoir lieu. »

Fort de ce raisonnement irréprochable, Lavoisier répéta les expériences de Boyle, en les variant ingénieusement. Il en conclut qu'on ne peut calciner qu'une quantité déterminée d'étain dans une quantité d'air donnée, et « que les cornues scellées hermétiquement, pesées avant et après la calcination de la portion d'étain qu'elles contiennent, ne présentent aucune différence de pesanteur, ce qui prouve évidemment que l'augmentation de poids qu'acquiert le métal ne provient ni de la matière du feu, ni d'aucune matière extérieure à la cornue. »

Lavoisier remarque aussi en passant « que la portion de l'air qui se combine avec les métaux est un peu plus lourde que celle de l'atmosphère, et que celle qui reste après la calcination est, au contraire, un peu plus légère; de sorte que dans cette supposition l'air atmosphérique fournirait, relativement à sa pesanteur spécifique, un résultat moyen entre ces deux airs ». — « Mais, ajoute-il aussitôt, il faut des preuves plus directes que je n'en ai pour pouvoir prononcer sur cet objet.... C'est le sort de tous ceux qui s'occupent de recherches physiques et chimiques d'apercevoir un nouveau pas à faire sitôt qu'ils en ont fait un premier, et ils ne donneraient jamais rien au public s'ils attendaient qu'ils eussent atteint le but de la carrière qui se présente successivement à eux, et qui paraît s'étendre à mesure qu'ils avancent. »

Quelle sagesse dans ce peu de paroles ! Ce que Lavoisier ne se permettait d'énoncer que sous forme d'hypothèse, était cependant la vérité, comme il allait lui-même le démontrer par la suite. C'est ainsi que, une fois engagé dans la bonne voie, on marche de découverte en découverte. Enfin l'illustre savant termine son mémoire par cette conclusion fondamentale « qu'une portion de l'air est susceptible de se combiner avec les substances métalliques pour former des chaux, tandis qu'une autre portion de ce même air se refuse constamment à cette combinaison. » — « Cette circonstance, ajoute-t-il, m'a fait soupçonner que l'air de l'atmosphère n'est point un être simple, qu'il est composé de deux substances très-différentes.... Enfin, je crois pouvoir annoncer ici que la totalité de l'air de l'atmosphère n'est pas dans un état respirable, que c'est la portion salubre qui se combine avec les métaux pendant leur calcination, et que ce qui reste après la calcination est une espèce de mofette, incapable d'entretenir la respiration des animaux, ni l'inflammation des corps[1]. »

Découverte de la composition de l'air. Oxygène et Azote. — « L'air n'est point un corps simple : il se compose d'une portion salubre et d'une espèce de mofette. » De cette déclaration de Lavoisier date le 89 de la chimie. Rompant en visière avec toutes les doctrines du passé, elle fut le signal d'une véritable révolution.

Le hardi novateur devint dès lors le point de mire d'innombrables attaques de la part des savants

1. Extraits de son *Journal d'expériences*, à la date du 14 février 1774.

attachés aux anciennes théories. Presque tous trai taient la *portion salubre de l'air* et la *mofette irrespirable,* de corps imaginaires. Il fallait donc montrer ces corps aux incrédules. Mais comment? Ce qui nous paraît aujourd'hui si simple était alors, ne l'oublions pas, d'une difficulté presque insurmontable; et nous verrons tout à l'heure que, sans ce dieu qu'on appelle le *hasard,* Lavoisier n'aurait jamais pu arriver à la démonstration de ce qu'il avait avancé.

Voyons plutôt. Les métaux dont on s'était toujours servi pour l'expérience de l'augmentation de poids pendant la calcination, étaient le plomb et l'étain. Or, ces métaux absorbent bien, pendant leur calcination, l'*élément salubre* de l'air, mais quand il est une fois absorbé, ils ne le rendent plus par la même opération. Et si on l'enlève avec du charbon, on obtiendra, comme nous l'avons vu, un air aussi irrespirable, quoique tout autre que celui qui reste après la calcination du plomb ou de l'étain dans l'air.

Heureusement il existe un métal, bien connu des alchimistes, un métal liquide, singulier, qui remplit ici à merveille toutes les conditions nécessaires. Le mercure, comme le savait déjà Eck de Sulzbach, a l'étrange propriété d'abandonner, dans la seconde période de la chaleur, la portion d'air qu'il avait absorbée pendant la première. En absorbant cet air, le mercure se transforme en une chaux rouge, le précipité *per se* des alchimistes. Rien de plus facile ensuite que de recueillir cet air dans des vases, comme l'avait enseigné, cinquante-cinq ans auparavant, le pauvre Moitrel d'Élément.

Mais laissons ici parler Lavoisier lui-même. Après avoir constaté que le fer offrait les mêmes inconvénients que le plomb et l'étain, le grand chimiste eut enfin recours au mercure ou vif-argent. « L'air qui restait, dit-il, après la calcination du mercure et qui avait été réduit aux cinq sixièmes de son volume, n'était plus propre à la respiration, ni à la combustion ; car les animaux qu'on introduisit y périssaient en peu d'instants, et les lumières s'y éteignaient sur-le-champ, comme si on les eût plongées dans l'eau. D'un autre côté, j'ai pris quarante-cinq grains de matière rouge (chaux de mercure, qui s'était formée pendant l'opération), je les ai introduits et chauffés dans une très-petite cornue de verre, à laquelle était adapté un appareil propre à recevoir les produits liquides et aériformes qui pourraient se séparer. Lorsque la cornue a approché de l'incandescence, la matière rouge a commencé à perdre peu à peu de son volume et, en quelques minutes, elle a entièrement disparu. En même temps il s'est condensé, dans le petit récipient, 41 grains et demi de mercure coulant, et il a passé sous la cloche 7 à 8 pouces cubes d'un fluide élastique, beaucoup plus propre que l'air de l'atmosphère à entretenir la combustion et la respiration des animaux (Voy. la figure ci-dessous). Ayant fait passer une portion de cet air dans un tube de verre d'un pouce de diamètre, et y ayant plongé une bougie, elle y répandit un éclat éblouissant; le charbon, au lieu de s'y consommer paisiblement comme dans l'air ordinaire, y brûlait avec

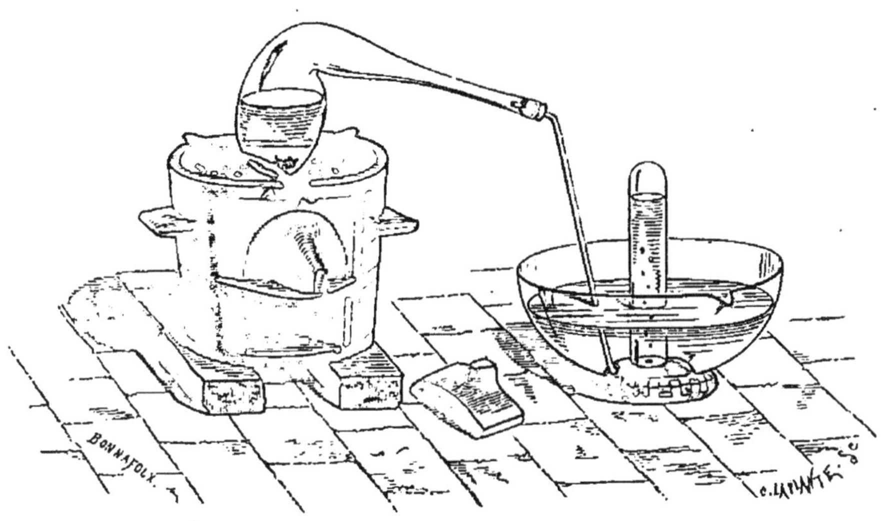

une flamme et une sorte de décrépitation, à la manière du phosphore, et avec une vivacité de lumière que les yeux avaient peine à supporter. »

Voilà donc la *portion salubre* et la *mofette* de l'air isolées. La portion salubre seule, propre à entretenir la respiration et la combustion, et qui donnait tant d'éclat à la flamme, reçut le nom d'*oxygène*, du grec *oxys* acide, et *gennao*, j'engendre. Ce nom signifie donc *générateur de l'acide*. Quant à la mofette ou portion non respirable de l'air, elle s'appellera *azote* (de l'*a* privatif des Grecs et *zoé* vie). C'est Guyton de Morveau qui lui donna ce nom, « afin de distinguer, disait-il, cet air non vital et existant naturellement dans l'atmosphère, » des autres gaz, également non respirables, mais qui ne font partie de l'atmosphère qu'accidentellement.

La découverte de l'oxygène mit à néant la théorie du phlogistique, et devint le point de départ de travaux aussi importants que nombreux. Entraîné par son esprit généralisateur, Lavoisier fit entrer l'oxygène dans la composition de tous les acides et de toutes les bases, en même temps qu'il en fit le fondement d'une nomenclature nouvelle.

Nomenclature. — L'ancienne nomenclature, remplie de termes bizarres, inventés la plupart par les alchimistes, avait besoin d'être réformée. C'est ce qu'avaient déjà compris Black et Bergmann. Ce dernier avait fait un appel à tous les alchimistes de l'Europe, en les invitant à substituer aux noms anciens une nomenclature nouvelle. « Ne faites grâce, leur disait-il, à aucune dénomination impropre. Ceux qui savent déjà entendront toujours; ceux qui ne savent pas encore entendront plus tôt. » — Bergmann (né en 1735 à Catherineberg, en Suède, mort en 1784) fut le maître de Scheele.

A la fois chimiste et minéralogiste, il s'était livré à des recherches approfondies sur le gaz acide carbonique qu'il appelait *acide aérien.*

Guyton de Morveau, qui avait traduit les œuvres de Bergmann, répondit un des premiers à cet appel du maître de Scheele. Bientôt Lavoisier se l'associa pour travailler à la *Réforme et au perfectionnement de la nomenclature de la chimie.* C'est là le titre du mémoire que l'illustre collègue de Berthollet et de Fourcroy, communiqua à l'Académie le 18 avril 1787.

Cette grande réforme porte principalement sur les corps composés. Ces corps furent divisés en *acides*, en *bases* et en *sels.* La nomenclature nouvelle repose donc sur une véritable classification des matières dont s'occupe la chimie.

Lavoisier avait établi en règle que « toute dénomination d'un composé doit en même temps indiquer les noms des éléments de ce composé. » En appliquant cette règle aux acides, il les terminait en *ique.* De là les noms d'*acide sulfurique*, remplaçant l'ancien nom d'*huile de vitriol;* d'*acide carbonique*, substitué aux noms d'*acide aérien*, de *gaz sylvestre*, d'*esprit crayeux*, etc.

Si Lavoisier n'eût pas fait jouer à l'oxygène un rôle trop exclusif, sa nomenclature aurait été presque parfaite dès son origine. Mais, d'après sa théorie « les acides sont composés de deux substances de l'ordre de celles que nous regardons comme simples (nous citons textuellement) : l'un qui constitue l'acidité; c'est de cette substance que doit être emprunté le nom du genre; l'autre qui est propre à chaque acide, qui les différencie les uns des autres, et c'est de cette substance que doit être emprunté le nom spécifique. »

Comme l'oxygène, en sa qualité de principe acidifiant ou de *générateur des acides*, était supposé exister dans tous ces composés, son nom pouvait être omis sans inconvénient : il indiquait le genre, représenté par la terminaison *ique*, tandis que le nom de l'élément, auquel il se combinait, désignait l'espèce. C'est pourquoi, au lieu d'acides *oxysulfurique*, *oxycarbonique*, *oxyphosphorique*, etc., on dira simplement acides *sulfurique*, *carbonique*, *phosphorique*, etc.

Mais Lavoisier ne tarda pas à s'apercevoir que les deux principes constitutifs, le principe acidifiant et le principe acidifié, peuvent se combiner entre eux dans deux proportions différentes; il fallait donc élargir le cadre. C'est ce qu'il fit en variant la terminaison du nom spécifique : *ique* devait indiquer l'acide qui renfermait le plus d'oxygène; *eux*, l'acide qui en contenait le moins. C'est ainsi que, par une simple modification de désinence, le seul énoncé des noms, tels que acide *sulfurique* et acide *sulfureux*, acide *arsenique* et acide *arsénieux*, suffit pour nous indiquer une différence de composition. Mais la chimie marcha vite, et bientôt les faits ne cadraient plus avec la théorie.

Qu'il nous soit permis d'anticiper ici un peu sur l'avenir des contemporains de Lavoisier, avenir qui est déjà pour nous le passé. Quelques années après la mort du grand chimiste, on reconnut que c'est non plus en deux, mais en trois et même en quatre proportions différentes que l'oxygène peut se combiner avec d'autres substances pour former des acides. Afin de ne pas changer les terminaisons anciennes, on imagina de faire précéder le nom de l'acide (contenant une proportion d'oxygène moindre que l'acide terminé en *eux*) de la préposition grecque *hypo* (ὑπὸ, au-dessous). A son tour, l'acide moins oxygéné que celui-là dut recevoir la préposition *hypo*, en conservant la terminaison *eux*. Cette première modification fut apportée à la nomenclature à l'époque où Gay-Lussac découvrit deux nouveaux acides du soufre, moins oxygénés que l'acide sulfureux. C'est ainsi que l'on dit depuis lors :

Acide *sulfurique*........... Acide *sulfureux*...........	Acides anciens.
Acide *hyposulfurique*...... Acide *hyposulfureux*.......	Acides nouveaux.

On découvrit, presque en même temps, que le phosphore, l'azote, le chlore, etc., peuvent, comme le soufre, donner naissance à des acides moins oxygénés que l'acide terminé en *eux*. Mais l'expérience montra bientôt que l'oxygène n'est pas le seul générateur des acides.

Nous avons vu que les anciens chimistes appelaient *chaux* le produit de la calcination d'un métal dans l'air. Après avoir démontré que ce produit est dû à la fixation de l'oxygène par le métal, Lavoisier remplaça le nom de *chaux métallique* par celui d'*oxyde*. Les *chaux* d'étains, de plomb, de mercure, etc., s'appelleront désormais *oxydes* d'étain, de plomb, de mercure, etc. Mais ici encore l'expérience montra que l'oxygène peut s'unir à un même métal en plusieurs proportions différentes. Afin de distinguer entre eux des oxydes plus ou moins oxygénés, on convint d'appeler *protoxyde* (du grec *protos*, premier) le composé qui contient la moindre (première) proportion d'oxygène, et *deutoxyde* ou *bioxyde*, celui qui en contient le double ; on nomma *sesquioxyde*, les composés où l'oxygène entre pour un et demi ; *tritoxyde*, *quadroxyde*, etc., des composés où l'oxygène est le triple, le quadruple, etc., de celui du protoxyde, et *sous-oxyde* tout composé où la quantité d'oxygène est inférieure à celle du protoxyde.

La plupart des oxydes sont des *bases*, c'est-à-dire qu'ils ont la propriété de se combiner avec les acides pour former des *sels*. Il y a aussi des oxydes *indifférents*, c'est-à-dire qui ne sont susceptibles de se combiner, ni avec les acides, ni avec les bases. C'est le cas de beaucoup d'oxydes non métalliques, tels que le protoxyde et le deutoxyde d'azote.

Les auteurs de la nomenclature chimique avaient reconnu que « plus la propriété d'oxygène augmente dans un oxyde basique, plus celui-ci perd sa propriété de base et tend à devenir acide, de telle façon que les composés les plus oxygénés sont généralement acides, tandis que les moins oxygénés sont basiques. »

Ce *fait général*, qu'on appelle improprement une *loi*, s'applique encore à d'autres éléments que l'oxygène ; mais Lavoisier et ses collaborateurs en ignoraient alors l'existence.

Un des caractères du génie consiste à ne jamais confondre ce qui est distinct, et à toujours distinguer l'accessoire d'avec le principal. Il importait beaucoup aux fondateurs de la chimie moderne de faire bien ressortir la différence qui existe entre une *combinaison* et un *mélange*. La combinaison suppose l'union intime, moléculaire de deux ou de plusieurs corps élémentaires, union d'où résulte un corps composé. Cette union est telle, qu'il est impossible de reconnaître *organoleptiquement*, c'est-à-dire à l'aide de nos sens, la nature des éléments qui forment le composé. Les éléments perdent donc par leur combinaison, toutes les propriétés caractéristiques ordinaires. Ainsi, le composé d'oxygène et d'azote, qu'on appelle acide azotique ou nitrique (l'*eau forte* des anciens[1]), n'a aucune des propriétés de l'oxygène et de l'azote, pris isolément. Il n'en est plus de même de ce qu'on appelle un *mélange*. On reconnaît aisément les éléments qui y entrent; il suffit souvent d'une opération purement mécanique pour en effectuer la séparation. Lorsque plusieurs corps se mêlent ensemble, il ne se passe aucun phénomène physique sensible : il n'y a production ni de chaleur, ni de lumière. La somme des éléments mêlés représente le volume du mélange : il n'y a point de condensation, comme cela arrive généralement pour la combinaison.

Composés salins ou sels. — Il y a des sels *neutres*, *acides* et *basiques*. Le sel neutre est la combinaison d'un acide avec une base, combinaison dans laquelle les propriétés de l'un et de l'autre composants ont complétement disparu ou se sont *neutralisées*. C'est ce que la nomenclature indique en chan-

1. L'acide nitrique était appelé *eau forte*, parce qu'il dissout presque tous les métaux. Sa découverte remonte au moins au huitième siècle. On le préparait alors en chauffant un mélange de vitriol de Chypre (sulfate de cuivre), de nitre et d'alun. Ortholain, qui vivait à Paris en 1350, connaissait parfaitement l'acide nitrique. Il savait que cet acide ne dissout pas l'or, mais qu'on lui donne cette propriété par une addition de sel ammoniac. Par cette addition, l'acide nitrique se change, en effet, partiellement en eau régale, propre à dissoudre l'or.

geant en *ate* la terminaison *ique*, et en *ite* la terminaison *eux* des acides. L'oxygène étant supposé faire partie de toutes les bases, on retranche le mot *oxyde*, comme un facteur commun, et on dit simplement *acétate de plomb*, *sulfate d'argent*, etc., au lieu d'acétate d'oxyde de plomb, de sulfate d'oxyde d'argent, etc. Cependant lorsque deux ou plusieurs oxydes d'un même métal peuvent se combiner avec un acide et produire deux espèces de sels différents, il est indispensable de faire précéder le nom du métal de celui de son degré d'oxydation. C'est ainsi qu'on dit : sulfate de *protoxyde* de fer, sulfate de *sesquioxyde* ou de *peroxyde* de fer. On dit aussi dans ce cas : sels au *minimum* et sels au *maximum* (d'oxydation).

Les chimistes anciens connaissaient déjà l'action que les composés acides et alcalins ou basiques exercent sur certaines couleurs végétales. De là un moyen bien simple pour distinguer ces composés entre eux. La couleur le plus souvent employée à cet effet est la teinture de tournesol. Elle est sans action sur le sel parfaitement neutre. Mais elle rougit au contact d'un sel *acide*, comme au contact d'un acide libre, tandis que le sel *basique* ramène au bleu la teinture de tournesol rougie par un acide.

La nomenclature sert à indiquer ces différences de réaction. Ainsi, les sels acides sont appelés *sur-sels*; on les désigne par les noms de *sesqui-*, *bi-*, *quadri-sels*, s'ils contiennent une fois et demie, deux fois, quatre fois autant d'acide que le sel *neutre*, pris pour terme de comparaison. Exemples : *sesquicarbonate* d'ammoniaque, *bisulfate* de soude, *quadroxalate* de potasse. — Les sels, au contraire, dans lesquels la base domine, sont appelés *sous-sels* ou *sels basiques*. On dit : sel *bi-basique*, *tri-basique*, *sex-basique*, etc., lorsque la quantité de base est le double, le triple, le sextuple de la quantité de base qui entre dans la composition du sel neutre. Exemple : acétate de plomb *bibasique*, *tribasique*, *sexbasique*.

Tels sont les principes de nomenclature établis par Lavoisier, Guyton de Morveau, Berthollet et Fourcroy. Ils s'appliquent presque exclusivement aux *oxacides*, aux *oxy-bases* et aux *oxy-sels*. Voilà ce qu'il ne faut point perdre de vue, lorsqu'on veut apprécier sainement l'œuvre de ces illustres savants.

Différents états des corps. Leur simplicité et leur composition. — Une idée sur laquelle Lavoisier revient souvent et qui fait de lui le véritable promoteur de la *chimie pneumatique*, c'est que presque tous les corps de la nature peuvent exister dans trois états différents, savoir : l'état solide, l'état liquide et l'état gazeux ou de fluide aériforme. « Les mots *airs*, *vapeurs*, *fluides aériformes* n'expriment, dit-il, qu'un mode de la matière; ils désignent une classe de corps infiniment étendue[1]. »

Ainsi énoncé, c'était là un principe vraiment nouveau. Aussi qu'arriva-t-il? Lavoisier ne fut pas compris. Et c'est lui-même qui nous l'apprend. « Ce principe, dit-il, que je n'ai cessé de répéter depuis plusieurs années, *sans jamais avoir eu la satisfaction d'être entendu*, va vous donner la clef de presque tous les phénomènes relatifs aux différentes espèces d'air et à la vaporisation. » — Puis il part de là pour établir que si la chaleur change les corps en vapeur, la pression de l'atmosphère apporte à ce changement une résistance d'une valeur déterminable, enfin que « la tendance des corps volatils à se vaporiser est en raison directe du degré de chaleur auquel ils sont exposés, et en raison inverse du poids ou de la pression qui s'oppose à la vaporisation. »

Ce fut par une sorte d'intuition que Lavoisier prévit, au sujet de certains corps composés, ce qui ne devait se réaliser qu'après sa mort. Après avoir défini la chimie, « la science qui a pour objet de décomposer les différents corps de la nature, » il

1. *Sur quelques substances qui sont constamment dans l'état de fluides aériformes, au degré de chaleur et de pression habituels de l'atmosphère.* Mémoire déposé à l'Académie des sciences le 5 septembre 1777, et publié dans le t. I, p. 348-384 des *Mémoires de physique et de chimie* de Lavoisier.

complète ainsi sa définition : « Nous ne pouvons donc pas assurer que ce que nous regardons comme simple aujourd'hui le soit en effet; tout ce que nous pouvons dire, c'est que telle substance est le terme actuel auquel arrive l'analyse chimique, et qu'elle ne peut plus se subdiviser au delà, dans l'état actuel de nos connaissances. Il est à présumer que les terres (la chaux, la magnésie, l'alumine, etc.) cesseront bientôt d'être comptées au nombre des substances simples : elles sont les seules de cette classe qui n'aient point de tendance à s'unir à l'oxygène, et je suis bien porté à croire que cette indifférence pour l'oxygène tient à ce qu'elles en sont déjà saturées. Les terres, dans cette manière de voir, seraient peut-être des *oxydes métalliques*.... Ce n'est, au surplus, qu'une simple conjecture que je présente ici[1]. »

Lavoisier était ici guidé par l'analogie. Voyant que les terres et les alcalis se combinent directement avec les acides, tandis que les métaux, pour se combiner avec ces mêmes acides, ont besoin de se saturer préalablement d'oxygène, il en conclut que les terres et les alcalis sont des métaux déjà oxydés. Cette conclusion atteste le génie. Mais en voici le revers. L'oxygène étant admis comme le *générateur des acides*, l'acide muriatique (l'esprit de

1. Lavoisier, *Traité de chimie*, t. II, p. 194 (3e édit.).

sel des anciens), obtenu par la réaction de l'acide sulfurique sur le sel marin, devait aussi avoir l'oxygène pour élément. Or, c'était là une erreur, et cette erreur provenait de l'exagération d'une théorie préconçue. Voici le raisonnement du grand chimiste à l'appui de son système; nous le livrons comme un enseignement à la postérité : « Quoiqu'on ne soit pas encore parvenu, dit Lavoisier, ni à composer ni à décomposer l'acide qu'on retire du sel marin, on *ne peut douter* cependant qu'il ne soit formé, *comme tous les autres*, de la réunion d'une base acidifiable avec l'oxygène. Nous avons nommé cette base inconnue *base muriatique, radical muriatique*, en empruntant ce nom du latin *murias*, donné anciennement au sel marin. Ainsi, sans pouvoir déterminer quelle est exactement la composition de l'acide muriatique, nous désignerons sous cette dénomination un acide volatil, dans lequel le radical acidifiable *tient si fortement à l'oxygène, qu'on ne connaît jusqu'à présent aucun moyen de les séparer.* »

Dans ces lignes, Lavoisier faisait, en quelque sorte, un appel à tous les chimistes de son temps. Vains efforts! on cherchait dans l'acide muriatique ce qui ne s'y trouvait pas, l'oxygène.

Une fois engagé dans une fausse voie, on ne rencontre plus que des singularités. C'est ce qui arriva au sujet de l'acide muriatique. Mais, ici encore, laissons d'abord parler le maître : « Cet acide présente, au surplus, une particularité très-remarquable ; il est, comme l'acide du soufre, susceptible de plusieurs degrés d'oxygénation ; mais, contrairement à ce qui a lieu pour l'acide sulfureux et l'acide sulfurique, l'addition d'oxygène rend l'acide muriatique plus volatil, d'une odeur plus pénétrante, moins soluble dans l'eau, et *diminue ses qualités d'acide.* » — Ce dernier caractère aurait dû être pour Lavoisier un trait de lumière. Mais continuons à le citer. — « Nous avions d'abord été tentés d'exprimer ces deux degrés de saturation, comme nous avions fait pour l'acide du soufre, en faisant varier les terminaisons : nous aurions nommé l'acide le moins saturé d'oxygène *acide muriateux*, et le plus saturé, *acide muriatique.* Mais nous avons cru que cet acide, qui présente des résultats particuliers et dont on ne connaît aucun autre exemple en chimie, demandait une *exception*, et nous nous sommes contentés de les nommer *acide muriatique oxygéné.* »

Défions-nous du recours aux exceptions ! c'est un des signes de l'erreur. Cet *acide muriatique oxygéné* exceptionnel était précisément le radical que Lavoisier cherchait : c'était le *chlore*, qui fut plus tard découvert, comme corps simple, par Davy, et qui se combine, nous le savons aujourd'hui, non pas avec l'oxygène, mais avec l'hydrogène, l'un des éléments de l'eau, pour former l'acide muriatique, appelé maintenant *acide chlorhydrique*. Mais n'anticipons pas.

Le mystérieux radical de l'acide muriatique était devenu pour Lavoisier l'objet de toutes ses préoccupations : il y revenait souvent, et chaque fois avec une certaine hésitation, comme s'il sentait le danger : « Nous n'avons, dit-il, nulle idée de la nature du radical de l'acide muriatique ; ce n'est que par *analogie*, plutôt par suite d'une théorie préconçue, que nous concluions qu'il contient le principe acidifiant ou oxygène. M. Berthollet avait soupçonné que ce radical pouvait être de nature métallique ; mais comme il paraît que l'acide muriatique se forme journellement dans les lieux habités, il faudrait supposer qu'il existe un gaz métallique dans l'atmosphère, ce qui n'est pas sans doute impossible, mais on ne peut l'admettre au moins que d'après des preuves. »

Ce qu'il y a surtout d'étrange, c'est que Lavoisier était en quelque sorte entretenu dans son erreur par un fait expérimental, mais non compris ou mal interprété. En effet, ce qu'il appelait *acide muriatique oxygéné* s'obtenait en distillant de l'acide muriatique sur des oxydes métalliques (oxydes de manganèse, de plomb, etc.). Comme dans cette opération les métaux perdent leur oxygène, Lavoisier pensait, et tous les chimistes d'alors le croyaient avec lui, que ce même oxygène se portait sur l'acide muriatique ; de là l'acide muriatique *oxygéné*. Et, comme il voyait cet acide se combiner avec les bases, à l'exemple des autres acides dans la composition desquels entre l'oxygène, il ne pouvait guère faire autrement que de persister dans ce qu'il croyait être la vérité, et qui n'était que l'erreur[1].

Hydrogène. — Ce gaz était connu longtemps avant Lavoisier. Mais c'est de lui et de Guyton de Morveau qu'il a reçu le nom qu'il porte. — Paracelse avait parlé de l'effervescence qui se manifeste lorsqu'on met de l'huile de vitriol (acide sulfurique) en contact avec le fer ou le zinc. Il savait que, pendant cette réaction, il se dégageait « un air comme un souffle, » et que cet air provenait de l'eau dont il était un élément. Eh bien, cet air était le gaz hydrogène, et il entre, en effet, dans la composition de l'eau. Mais ce n'était là qu'une vérité d'intuition, car Paracelse ne connaissait aucun moyen pour recueillir les gaz et en étudier les propriétés.

Robert Boyle compléta l'expérience de Paracelse de la manière suivante : « Nous remplissons, dit-il, d'environ parties égales d'huile de vitriol et d'eau commune un petit matras de pierre, pourvu d'un long col cylindrique. Puis, après y avoir jeté six petits clous de fer, nous fermons

1. Voyez pages 193 et suiv.

aussitôt l'ouverture du vase, parfaitement plein, et nous introduisons le col dans un autre vase renversé, d'une plus grande capacité et contenant de l'eau. Aussitôt nous voyons s'élever, dans le vase supérieur, des bulles aériformes qui, en se rassemblant, dépriment l'eau dont elles prennent la place. Bientôt toute l'eau du vase supérieur (renversé) est expulsée et remplacée par un corps qui a tout l'aspect de l'air[1]. »

Mais d'où provenait ce corps aériforme? Ici Boyle n'était pas aussi bien inspiré que Paracelse : au lieu de prendre ce corps pour un élément de l'eau, il le considérait comme le résultat d'une transformation artificielle de l'air. Et cette manière de voir provenait elle-même d'une théorie qu'il est bon de faire connaître, parce qu'elle compte encore aujourd'hui des partisans. D'après cette théorie, la diversité des corps serait due à des inégalités de forme, de grandeur, de structure, de mouvement des molécules élémentaires; un ou deux éléments primitifs suffiraient pour expliquer toute la variété des corps de la nature. « Pourquoi donc, s'écria Boyle, les molécules de l'une ou de toute autre substance ne pourraient-elles pas, dans de certaines conditions, être groupées et agitées de façon à mériter

1. R. Boyle, *Physico-mechanic. Experiments*, vol. II, p. 432 de l'édit. anglaise.

le nom d'air? » D'après la théorie de Boyle, l'air (hydrogène) ainsi obtenu, serait de l'air *allotropique*, c'est-à-dire de l'air dans un état particulier, différent de l'air commun de l'atmosphère.

Lemery (né à Rouen en 1645, mort en 1715) fut le premier à observer l'inflammabilité de l'hydrogène. Il le préparait en mêlant ensemble de la limaille de fer, de l'acide sulfurique et de l'eau dans un matras à col étroit : il l'allumait en approchant une bougie de l'orifice du col. L'expérience fut depuis lors répétée par d'autres, et le gaz reçut le nom d'*air inflammable*.

Mayow, qui avait obtenu ce gaz par le même procédé, doutait de son identité avec l'air commun.

Ce ne fut donc pas Cavendish qui découvrit l'hydrogène ; mais il en décrivit le premier les propriétés caractéristiques.

Lavoisier enfin essaya de démontrer que ce gaz entre dans la composition de l'eau. Après avoir enlevé l'air du rang des corps simples, il devait naturellement songer à en faire autant de l'eau, qui avait été aussi regardée comme un élément. En brûlant une livre d'esprit-de-vin dans un appareil propre à recueillir toute l'eau qui se dégage pendant la combustion, il en obtint 17 à 18 onces; d'où il conclut que l'esprit-de-vin contient un des principes de l'eau, et que c'est l'air de l'atmosphère qui fournit l'autre, l'oxygène : « Nouvelle preuve, ajoute-t-il, que l'eau est une substance composée. » — La démonstration fut complétée plus tard.

Ce gaz, qui brûle en absorbant l'oxygène de l'air pour former de l'eau, reçut ainsi le nom d'*hydrogène* ou *générateur de l'eau* (du grec *hydor*, eau, et *gennao*, j'engendre). Pour éviter les dangers d'une théorie préconçue, il aurait été peut-être plus sage de donner la préférence à des noms moins significatifs.

Théorie de la respiration. — Lavoisier montra expérimentalement que l'air qui a servi quelque temps à la respiration a, par sa qualité délétère, beaucoup d'analogie avec celui dans lequel un métal a été calciné, mais que ces deux airs diffèrent chimiquement l'un de l'autre en ce que le premier précipite l'eau de chaux, tandis que le dernier la trouble à peine; que l'un est de l'acide carbonique, et l'autre de l'azote; enfin que, pour ramener à l'état d'air commun ou respirable l'air qui a été vicié par la respiration, il faut 1° enlever à cet air, au moyen d'un alcali caustique, la portion d'acide carbonique qui s'y trouve; 2° lui rendre une quantité d'oxygène égale à celle qu'il a perdue. Or, voici les conséquences qu'il tire de ces données expérimentales : « De deux choses l'une : ou la portion d'oxygène contenue dans l'air est convertie en acide carbonique en passant par le poumon, ou bien il se fait un échange dans ce viscère : d'une part, l'oxygène est absorbé, et de l'autre le poumon rend une portion d'acide carbonique presque égale en volume. »

Ces deux manières de voir ne s'excluent point; la dernière a même été adoptée par beaucoup de physiologistes. Cependant Lavoisier inclinait plutôt vers la première manière de voir. Dès 1777, il avait soutenu que « la respiration est une combustion lente d'une portion de carbone contenue dans le sang et que la chaleur animale est entretenue par la portion de calorique qui se dégage au moment de la conversion de l'oxygène en gaz acide carbonique, comme il arrive dans toute combustion de charbon. » Enfin, en 1785, il annonça, dans un mémoire inséré dans le Recueil de la Société de médecine, que « très-probablement la respiration ne se borne pas à une combustion de carbone, mais qu'elle occasionne encore la combustion d'une partie de l'hydrogène contenue dans le sang; de là une formation à la fois d'eau et d'acide carbonique pendant l'acte de la respiration. » — Cette dernière théorie physiologique compte aussi de nombreux partisans.

Mouvement moléculaire. — La question du calorique avait également beaucoup occupé Lavoisier. C'est un fait général et depuis longtemps connu que les corps se dilatent par la chaleur et se condensent par le froid. Pour expliquer ce fait, Lavoisier supposait que les molécules des corps ne se touchent pas, qu'elles sont au contraire placées à une certaine distance les unes des autres. « Mais, se demandait-il, si le calorique tend continuellement, par une cause quelconque, à s'introduire entre les molécules des corps et à les écarter, comment ne cèdent-elles pas à cet effort? Comment ne se désunissent-elles pas? Et comment concevoir alors qu'il existe des corps solides? Il faut donc admettre une force dont les effets soient en opposition avec la précédente, qui retienne et lie entre elles les molécules des corps, et cette force, quelle qu'en soit la cause, est *la gravitation universelle.* »

Lavoisier considère donc les molécules élémentaires comme obéissant à deux forces antagonistes, au calorique, qui tend à les écarter, et à l'attraction, qui les rapproche. Lorsque ces deux forces sont à l'état d'équilibre, le corps est liquide; il devient aériforme lorsque la force répulsive, le calorique, l'emporte. L'intervalle qui existe, pour chaque corps, entre le degré de chaleur nécessaire pour en opérer la liquéfaction, et celui qui en opère la vaporisation, Lavoisier l'attribue à la pression de l'atmosphère[1].

Quant à l'espace que les molécules laissent entre

1. La connaissance de la pression de l'atmosphère est un fait acquis à la science depuis l'époque de Galilée et de Pascal, qui vivaient près d'un siècle et demi avant Lavoisier.

elles, il diffère aussi, selon la même théorie, pour chaque substance. « Ce qui doit surtout faire varier les dimensions de cet espace, c'est, ajoute l'auteur, la figure des molécules primitives des corps, puisqu'il est impossible que des sphères, des tétraèdres, des hexaèdres, des octaèdres, laissent entre eux des vides d'une même capacité. C'est pourquoi il faut une quantité de calorique suffisante pour élever la température de différents corps d'un même nombre de degrés du thermomètre, ou, ce qui revient au même, différents corps qui se refroidissent d'un même nombre de degrés abandonnent une quantité différente de calorique. » — Pour vérifier ce fait capital, Lavoisier entreprit avec Laplace une série d'expériences, consignées dans un mémoire intitulé : *Sur le principe de la chaleur et les moyens d'en mesurer les effets*[1]. Ces expériences sont fondées sur ce que « la quantité de glace que les corps fondent en se refroidissant, mesure exactement la même quantité de calorique qu'ils abandonnent. »

La chaleur est-elle un fluide ou une force? Cette question fondamentale de la physique fut, pour la première fois, nettement posée par Lavoisier. Ainsi énoncée, elle implique deux hypothèses : l'hypo-

1. Dans les *Mémoires de physique et de chimie* de Lavoisier, t. I.

thèse du calorique-fluide et celle du calorique-mouvement. Voyons comment l'immortel savant a abordé l'une et l'autre.

Pour justifier le mot *fluide*, appliqué au calorique, Lavoisier le compare à l'eau qui s'introduit dans les pores de différentes espèces de bois, les gonfle et en augmente la pesanteur. Chaque espèce admettra une quantité d'eau différente, suivant sa qualité; les plus légers et les plus poreux en logeront davantage; les bois compactes n'en laisseront pénétrer que très-peu; la porportion d'eau qu'ils absorbent dépendra encore de la nature du bois, etc. Ces différences de capacité des bois pour l'eau se présentent aussi pour le calorique. Dans cette comparaison, Lavoisier ne considérait que l'eau qui mouille intérieurement le bois. Mais l'eau entre aussi dans la constitution même du bois. Et comme il existe une eau *libre*, une eau *adhérente* et une eau *combinée*, il fut conduit, par analogie, à établir trois états différents de calorique. « 1° Le calorique *libre*, dit-il, c'est celui qui n'est engagé dans aucune combinaison et qui ne touche à aucun corps; 2° le calorique *adhérent*, c'est celui qui pénètre les corps, qui en écarte les molécules; ce calorique est encore dans un état d'aggrégation, mais cette forme aggrégative est modifiée par l'adhérence qu'il contracte avec les corps avec lesquels il est en contact; 3° le calorique *combiné*, c'est celui dont l'aggrégation est rompue et qui est combiné molécule à molécule avec les parties élémentaires et constituantes des corps. »

D'après cette hypothèse, le calorique est répandu dans tous les corps de la nature et il fait partie de toutes les combinaisons. Le calorique *spécifique* est la quantité de fluide absorbé et variable pour chaque corps, ou, plus exactement, « c'est la quantité totale de calorique qui se dégagerait des corps, si, les prenant tous à un même degré de température, on les réduisait au zéro absolu, c'est-à-dire à une privation complète de calorique. » — « Nous connaissons bien, ajoute Lavoisier, les augmentations ou les diminutions dont le calorique spécifique des corps est susceptible, suivant qu'on lui fait éprouver certains changements de température; mais la quantité totale nous est encore inconnue. » — Le thermomètre n'indique que le fluide calorique libre. « Il en reçoit lui-même sa part en raison de sa capacité; il n'indique donc tout au plus que la portion qu'il a reçue; mais il ne constate pas la quantité totale qui a été dégagée, déplacée ou absorbée. » Ce calorique doit être distingué de celui que le thermomètre n'indique pas et qui ne se manifeste que dans les combinaisons ou actions chimiques.

L'hypothèse du calorique-mouvement, qui paraît aujourd'hui prévaloir, eut pour point de départ la sensation de la chaleur. « Ce n'est, dit Lavoisier, que par un mouvement quelconque imprimé à la matière que nous éprouvons des sensations, si bien qu'on pourrait poser comme axiome : *point de mouvement, point de sensation.* » Ces paroles, rigoureusement exactes, devaient confirmer la nouvelle manière de concevoir les choses. En effet, d'après la théorie du calorique-mouvement, les molécules insécables, les *atomes* de la matière, sont doués d'une oscillation permanente, quoique insensible. Ce mouvement suppose que les atomes ne se touchent pas et qu'ils sont séparés par des espaces intersticiels dont le volume peut surpasser considérablement celui de la matière contenue dans les atomes. « Ces espaces, ajoute Lavoisier en résumant sa théorie, ces espaces vides laissent à leurs parties insécables (atomes) la liberté d'osciller dans tous les sens, et il est naturel de penser que ces parties sont dans une agitation continuelle qui, si elle augmente jusqu'à un certain point, peut les désunir et décomposer les corps; c'est ce mouvement intestin qui constitue la chaleur. » — A l'appui de cette remarque, Lavoisier rappelle le principe de la conservation des forces. Ce principe, qui n'est que l'expression d'un fait général, consiste « en ce que, dans un système de corps qui agissent les uns sur les autres d'une manière quelconque, la force vive, c'est-à-dire la somme des produits de chaque masse par le carré de sa vitesse, est constante.... Dans l'hypothèse que nous examinons, la chaleur est la force vive qui résulte des mouvements insensibles des molécules d'un corps; elle est la somme des produits de la masse de chaque molécule par le carré de sa vitesse. »

La seconde hypothèse explique mieux que la première certains phénomènes, tels que celui de la chaleur produite par le frottement de deux corps, par le marteau frappant sur l'enclume, etc. Elle explique aussi pourquoi les rayons du soleil tombant directement sur les pics neigeux des plus hautes montagnes, échauffent, malgré leur puissance calorifique, beaucoup moins le milieu environnant, que les rayons réfléchis dans les vallées.

Sans se prononcer positivement ni pour l'une ni pour l'autre hypothèse, Lavoisier se contente d'établir en principe général : « Que toutes les variations de chaleur, soit réelles, soit apparentes, qu'éprouve un système de corps, en changeant d'état, se reproduisent dans un sens inverse, lorsque le système repasse à son premier état. » Par exemple, les changements de la glace en eau et de l'eau en vapeur, font disparaître ou consomment une quantité considérable de chaleur. Cette chaleur ainsi dépensée et que le thermomètre n'accuse plus, a reçu le nom de *chaleur latente*.

Lavoisier avait au plus haut degré l'amour de la science. Les théories cependant semblaient l'occuper bien moins que les applications utiles. Appelé en 1776, par le ministre Turgot, à la direction générale des poudres et salpêtres, il fit à Essone des expériences qui l'amenèrent à perfectionner la poudre à canon au point de donner plus de deux cents mètres de portée dans les circonstances où avant lui la meilleure poudre ne portait qu'à 180 mètres. Il fit aussi supprimer les recherches que l'on faisait alors dans les maisons pour se procurer du salpêtre, et il parvint à en quintupler la production, en délivrant la France du tribut qu'elle payait à l'Angleterre pour le nitre des Indes.

La chimie appliquée à l'agriculture occupait aussi ses loisirs. Pour encourager la culture du sol, proposa de diminuer l'intérêt de l'argent et d'autoriser des baux de vingt-sept ans. Pour essayer des procédés nouveaux et combattre la routine, il faisait valoir par lui-même deux cent quarante arpents de terre dans le Vendomois : « Il récoltait ainsi, rapporte son ami et biographe (Lalande), trois setiers là où les procédés ordinaires n'en donnaient que deux ; au bout de neuf ans il avait doublé la production. »

Au commencement de la Révolution, Lavoisier fut élu député suppléant à l'Assemblée nationale, et présenta, dans la séance du 21 novembre 1789, le compte rendu de la Caisse d'escompte. Nommé, en 1791, commissaire de la Trésorerie, il proposa, pour simplifier la perception des impôts, un nouveau plan qu'il devait développer dans un ouvrage spécial intitulé : *De la richesse territoriale du royaume de France*. Cet ouvrage, dont il ne parut qu'un extrait sous forme de brochure, fit connaître Lavoisier comme un des meilleurs économistes de son époque. On y lit, entre autres, le passage suivant : « Les ci-devants nobles, en y comprenant les anoblis, formaient un trois-centième de la population du royaume ; leur nombre, hommes, femmes et enfants compris, n'était que de 83000, dont 18 323 seulement étaient en état de porter les armes. Les autres classes de la société, celles qu'on avait coutume de comprendre sous la dénomination de *tiers état*, peuvent fournir un rassemblement de 5 500 000 hommes en état de porter les armes. » — Ces données ne fournissaient-elles pas le meilleur argument à Sieyès quand il posait cette redoutable question : Qu'est-ce que le tiers état? Rien. Que doit-il être? Tout.

La Convention nationale avait nommé une commission pour créer un nouveau système des poids et mesures. Lavoisier prit une part très-active aux travaux de cette commission. Il avait fait construire, dans le jardin de l'Arsenal, un appareil où des règles métalliques, plongées dans l'eau et soumises à différents degrés de température, faisaient mouvoir une lunette qui marquait, sur un objet éloigné, les plus faibles dilatations; et lorsqu'en 1793 il s'agissait de mesurer une base pour la nouvelle méridienne, c'est Lavoisier qui fournit les thermomètres de métal qu'on employa pour la triangulation opérée entre Lieusaint et Melun.

Comme trésorier de l'Académie, Lavoisier mit de l'ordre dans les comptes et les inventaires. « Il fit, rapporte Lalande, tourner au profit des sciences les fonds morts que l'Académie avait sans le savoir. On le trouvait partout; il suffisait à tout par sa facilité et son zèle qui étaient également admirables. »

Ses derniers travaux avaient pour objet la *respiration* et la *transpiration des animaux*. Lavoisier distinguait fort bien la transpiration cutanée de la transpiration pulmonaire. Pour séparer les produits de cette double fonction, si essentielle à la vie, il employait, dans ses expériences, « un habillement de taffetas enduit de gomme élastique, qui ne laissait pénétrer ni l'air ni l'humidité. » — On voit, pour le dire en passant, que l'invention des étoffes imperméables ne date pas précisément de nos jours. — L'habile expérimentateur nous apprend lui-même comment il entrait dans cette espèce de vêtement qui se fermait par-dessus la tête au moyen d'une forte ligature; un tuyau qui s'adaptait à la bouche et qui se mastiquait sur la peau, de manière à ne laisser échapper aucune portion d'air, lui donnait la liberté de respirer. « Tout ce qui appartenait à la respiration, se passait, ajoute-t-il, en dehors de l'appareil; tout ce qui appartenait à la transpiration, se passait en dedans. En se pesant avant d'entrer dans l'appareil, et, après en être sorti, la différence donnait la perte de poids due aux effets réunis de la respiration et de la transpiration. En se pesant quelques instants avant d'en sortir, on avait la perte du poids due seulement aux effets de la respiration. »

En prenant la moyenne des effets réunis de la respiration, de la transpiration cutanée et de la transpiration pulmonaire, Lavoisier parvint ainsi à constater qu'un homme, dans les conditions ordinaires d'âge, de travail et de santé, éprouve une perte de poids total de 18 grains par minute, ou de 2 livres 13 onces en vingt-quatre heures ; que les deux extrêmes autour desquels oscille cette moyenne sont de 11 et de 32 grains par minute, ou de 1 livre, 11 onces, 4 gros, et de 5 livres par vingt-quatre heures[1] ; enfin que le même individu, après avoir augmenté de poids de toute la nourriture qu'il a prise, revient tous les jours, après la révolution de vingt-quatre heures, au même poids que la veille, et que si cet effet n'a pas lieu, l'individu est dans un état de souffrance ou de maladie. »

1. 10 grains valaient $0^{gr},53$; le gros était de $3^{gr},82$ et l'once de $30^{gr},59$.

Ces importantes recherches physiologiques se trouvent, en partie, consignées dans le tome II des *Mémoires de physique et de chimie*[1] de Lavoisier. Elles n'étaient pas encore terminées quand la hache révolutionnaire vint, le 8 mai 1794, trancher l'existence de ce grand citoyen, à l'âge de 51 ans et trois mois.

Lavoisier était le quatrième des vingt-huit fermiers généraux qui périrent le même jour. Son beau-père, M. Paulze, dont il avait épousé la fille en 1771, fut guillotiné le troisième. Cette exécution sommaire des fermiers généraux avait été provoquée par le rapport d'un nommé Dupuis, membre de la Convention nationale (*Moniteur*, 1794, n° 227); les considérants de ce rapport portent :

« Convaincus d'être auteurs ou complices d'un complot tendant à favoriser le succès des ennemis de la France (considérant appliqué presque indistinctement à toutes les victimes du tribunal révolutionnaire), notamment

1. Ce recueil devait former environ huit volumes. Après la mort de Lavoisier, on a retrouvé dans ses papiers presque tout le premier volume, le deuxième en entier, et quelques feuilles du quatrième. En tête du premier volume on lit ces mots : « La plupart des épreuves ont été revues dans les derniers moments de l'auteur; et, tandis qu'il n'ignorait pas qu'on préméditait son assassinat, M. Lavoisier, calme et courageux, s'occupant d'un travail qu'il croyait utile aux sciences, donnait un grand exemple de la sérénité que la lumière et la vertu peuvent conserver au milieu des plus affreux malheurs. »

en exerçant toutes espèces d'exactions et de concussions sur le peuple français, en mêlant au tabac de l'eau et des ingrédients nuisibles à la santé des citoyens qui en faisaient usage, en prenant six et dix pour cent tant pour l'intérêt de leur cautionnement que pour la mise des fonds nécessaires à leur exploitation, tandis que la loi ne leur accordait que quatre, en tenant dans leurs mains des fonds provenant des bénéfices qui devaient être versés dans le trésor public, en pillant le peuple et le trésor national pour enlever à la nation des sommes immenses et nécessaires à la guerre entre les despotes coalisés et les fournir à ces derniers, ont été condamnés à la peine de mort, etc. » (*Moniteur*, 19 floréal, an II.)

Un mot sur la mort de Lavoisier. On l'a signalée comme l'une des plus grandes taches de la Révolution française. Les historiens ont répété, sur tous les tons, ces paroles de Lalande : « Un homme aussi rare, aussi extraordinaire que Lavoisier aurait dû être respecté par les hommes les moins instruits et les plus méchants; il fallait que le pouvoir fût tombé entre les mains d'une bête féroce. »

Mais, pour rendre les hommes moins méchants il faut d'abord commencer par les rendre plus instruits; voilà ce qu'auraient dû se dire les amis et collègues de Lavoisier. Il fallait montrer « à cette bête féroce qu'elle commettrait un crime de lèse-humanité en immolant l'homme qui, par ses travaux et ses découvertes, avait reculé les bornes de la science; il fallait exposer aux regards de tous Lavoisier quintuplant la production du salpêtre et délivrant la France d'un tribut qu'elle payait à l'étranger, Lavoisier améliorant et encourageant l'agriculture, Lavoisier consacrant son temps, sa fortune, les revenus de sa charge, à produire dans l'ordre intellectuel une révolution aussi grande que celle qui se produisait alors dans l'ordre politique et social ; il fallait montrer que ces deux révolutions étaient sœurs, et que ce serait déshonorer la patrie que de traîner sur l'échafaud l'un de ses plus glorieux enfants. L'Académie des sciences se serait honorée aux yeux de la nation, si elle était venue, en corps, au pied du tribunal révolutionnaire, réclamer un de ses membres, si, par un suprême effort, elle avait tenté d'arracher à l'ignorance et aux passions populaires une aussi illustre victime.

Où étaient donc alors, nous le demandons, les amis, les collaborateurs, les confrères de Lavoisier? Que faisaient-ils? — Signalons quelques-uns de ceux qui auraient pu faire mieux que de témoigner des regrets inutiles, posthumes.

Fourcroy (né à Paris, le 15 janvier 1755) siégeait à la Convention nationale quand Lavoisier porta sa tête sur l'échafaud. Né et élevé dans la même ville que Lavoisier, il était fils d'un apothicaire, et fut reçu médecin en 1780. Mais la chimie eut pour lui plus d'attrait que l'art de guérir. En 1784, il obtint, par la protection de Buffon et à l'exclusion de

Berthollet, son concurrent, la chaire de chimie que la mort de Macquer avait laissée vacante au Jardin du Roi. L'année suivante, il entra à l'Académie des sciences. Dès 1782 Fourcroy avait été admis aux réunions des savants que Lavoisier recevait chez lui et parmi lesquels on remarquait Condorcet, Monge, Berthollet, Vicq d'Azyr, Baumé, Van der Monde, etc. En 1789, on le voit figurer au nombre des créateurs de la nouvelle nomenclature chimique. La révolution de 1789 agrandit sa sphère d'activité. Fourcroy devint homme politique. Faisant partie du Comité des électeurs de Paris, il fut élu, en juillet 1793, membre de la Convention nationale, et entra immédiatement dans le Comité d'instruction publique, où il rendit de grands services. Au 9 thermidor, Fourcroy fut appelé au Comité de salut public, et devint plus tard membre du Conseil des Anciens, où il siégea pendant deux ans. Après le 18 brumaire il fut nommé directeur général de l'instruction publique. Lors de la proclamation de l'empire, il espérait devenir grand maître de l'Université, quand il apprit que Fontanes lui avait été préferé. Cette nouvelle le désola, et il disait aux amis qui cherchaient à le consoler : « Une griffe de fer me déchire le cœur ! » Enfin, le 16 décembre 1809, le jour même où Napoléon Ier, pour lui faire oublier une préférence pénible, signait les lettres patentes qui le nommaient comte de l'empire avec une dotation sénatoriale de 20 000 francs de rente, il s'écria tout à coup : « Je suis mort! » Ce furent ses dernières paroles : il expira au milieu d'une fête de famille. Auteur du *Système des connaissances chimiques*, ouvrage aujourd'hui oublié, il n'a laissé son nom attaché à aucune grande découverte scientifique.

Fourcroy, membre de la Convention nationale, qu'a-t-il fait pour sauver Lavoisier? Rien. — Sans doute Fourcroy ne fut pas l'auteur de la mort de son illustre confrère : c'eût été un de ces crimes pour lesquels les anciens n'avaient pas édicté de peine. Il devait donc traiter la calomnie avec le dédain qu'elle méritait. « On m'accuse, dit-il, de la mort de Lavoisier; moi, son ami, le compagnon de ses travaux, son collaborateur dans la chimie moderne, son admirateur constant, comme on peut le voir dans tous mes ouvrages écrits avant ou depuis la Révolution; moi, naturellement doux, non envieux, sans ambition. Elle est trop absurde, cette calomnie, pour avoir fait quelque impression sur ceux qui me connaissent de près ou de loin; mais elle laisse des doutes dans quelques esprits peu accoutumés à réfléchir; elle fait plaisir à des hommes qui se repaissent de méchancetés, à quelques hommes jaloux de nos succès et de la portion de gloire que j'ai acquise dans la carrière des sciences. »

C'est là fort bien dit. Mais n'êtes-vous pas bien coupables lorsque, assis sur le rivage, vous ne tendez *point* la *main* à l'*homme* qui se débat dans les flots et périt faute de secours? N'est-ce pas déplacer la question, vouloir donner le change à l'opinion publique, que de venir dire comme excuse que ce n'est pas vous qui l'avez tué? — La Terreur, c'était l'ignorance et la passion déchaînées. Eh bien, Fourcroy, réuni à quelques autres, aurait dû tout tenter pour éclairer le peuple sur la valeur d'un homme tel que Lavoisier. S'ils n'eussent pas réussi, l'histoire, la postérité, au nom de la science et du progrès, leur auraient tenu compte de la générosité de leurs efforts. Le Bureau des consultations essaya, il est vrai, par l'organe de Hallé, d'intervenir en faveur de l'illustre victime; mais, sans le concours effectif des confrères et collaborateurs de Lavoisier, siégeant à la Convention nationale, Hallé devait être d'avance condamné à l'impuissance.

Guyton de Morveau (né à Dijon, le 4 janvier 1737) siégeait à la Convention nationale, sur les bancs de la Montagne, quand la tête de Lavoisier roula sur l'échafaud. — Destiné par son père, professeur en droit, à la magistrature, Guyton remplit fort jeune la charge d'avocat général au Parlement de Dijon, et sut assez bien tourner le vers, comme le témoigne son *Rat iconoclaste* ou *le Jésuite croqué*, poëme héroïco-comique, paru en 1763. Mais les sciences occupaient bientôt tous ses loisirs. Devenu chancelier de l'Académie de Dijon, il obtint, en 1775, des états de Bourgogne, la fondation de cours publics de chimie, de minéralogie et de matière médicale, et ouvrit lui-même, le 28 avril de l'année suivante, le cours de chimie. Ce cours donna naissance au premier ouvrage publié d'après les principes de la chimie nouvelle ; il a pour titre : *Éléments de Chymie théorique et pratique*, rédigés dans un nouvel ordre, d'après les découvertes modernes, etc., trois tomes in-18, Dijon, 1777. On y voit, entre autres, que l'auteur enseignait l'unité de matière : « C'est donc, dit-il, la modification de la matière homogène qui constitue tous les différents corps, même les éléments; et cette modification est la densité, la porosité, la figure. »

Guyton reconnut le premier la propriété désinfectante de l'acide muriatique oxygéné (chlore) ; il en appliqua les fumigations à l'assainissement d'un caveau de la cathédrale de Dijon et aux prisons de cette ville. S'étant démis, en 1782, de sa charge d'avocat général, il partagea son temps entre Paris et Dijon, rédigea en grande partie l'article *Chimie* pour l'*Encyclopédie méthodique*, et s'associa à Lavoisier pour fonder la nouvelle nomenclature chimique.

Guyton adopta avec chaleur tous les principes de la révolution de 1789. Dès l'année suivante il fut élu procureur syndic de son département, et en 1791 il entra à l'Assemblée législative dont il devint président. Membre de la Convention nationale, il vota avec les membres les plus avancés du parti de la Montagne. Dans le procès de Louis XVI, il s'opposa au renvoi du jugement aux Assemblées primaires, et entra, en 1793, dans les Comités de défense générale et de salut public. S'étant, dès l'origine, directement intéressé à l'invention de l'aérostat, il fit, sur son rapport, décréter la formation d'un corps d'*aérostatiers militaires*. Envoyé, en 1794, avec le titre de commissaire à l'armée du nord, il utilisa les ballons dans les reconnaissances militaires à la bataille de Fleurus. Après le 9 thermidor, Guyton fut réélu membre du Comité de salut public et fit plusieurs rapports sur des objets relatifs à l'industrie, aux sciences et aux arts. Membre du Conseil des Cinq-Cents, il prit une part active à la création de l'École polytechnique, dont il devint professeur et directeur. Administrateur des monnaies de 1800 à 1814, il fut nommé baron de l'empire. Membre de l'Institut depuis 1796, il a fourni de nombreux mémoires et articles au *Journal des savants*, aux *Annales de la Chimie*, au *Journal de l'École polytechnique*, etc.

Guyton profita, dit-on, de son crédit pour sauver les jours de quelques savants. Fit-il, au moins, quelques efforts pour sauver les jours de son ami et collaborateur? L'histoire garde ici un terrible silence.

Berthollet (né à Tailloire près d'Annecy, en Savoie, le 9 novembre 1748) s'était associé aux travaux de Lavoisier pour jeter les bases de la chimie moderne. Reçu médecin à l'Université de Turin, il vint en 1772 à Paris se perfectionner dans ses études. Il fut admis dans les conférences de Lavoisier et profita promptement des conseils du maître qui lui fit abandonner la théorie du phlogistique. Voici à quelle occasion. Distillant à diverses reprises de l'esprit-de-vin sur des alcalis fixes, Berthollet avait obtenu chaque fois un peu d'alcali volatil. Dominé par la théorie alors régnante, il était parti de là pour imaginer sur l'origine de cette substance un système entièrement erroné. Lavoisier (Rapport du 11 mars 1778) l'engagea à différer la publication de son travail. C'est ainsi que Berthollet fut, dès son début, empêché de suivre une fausse voie où l'amour-propre l'aurait peut-être retenu, et sans le conseil de Lavoisier il ne serait probablement jamais parvenu à l'une de ses plus belles découvertes, celle de la véritable composition de l'alcali volatil (ammoniaque). Cependant sa conversion complète à la chimie nouvelle ne date que de 1785. S'il n'avait pas été trop attaché à la théorie du phlogistique, ses expériences sur la décomposition du nitre, dont les résultats se trouvent consignés dans un mémoire lu à l'Académie le 7 septembre 1781, l'auraient conduit, avant d'autres, à découvrir la composition de l'acide nitrique, formé d'azote et d'oxygène.

Une fois débarrassé des entraves d'une fausse théorie, Berthollet fit paraître successivement des travaux d'une grande valeur. Après l'analyse de l'ammoniaque, il donna, en 1787, celle de l'acide prussique[1]. En 1788, il découvrit le fulminate d'argent : il avait remarqué que la dissolution de l'argent dans l'acide nitrique donne, par l'eau de chaux, un précipité qui devient très-explosible si on le laisse quelque temps en contact avec l'ammoniaque aqueuse. En 1789, il trouva que le gaz hydrogène sulfuré a les propriétés d'un acide (appelé depuis lors acide *hydrosulfurique* ou *sulfhydrique*), et que cet acide ne renferme point d'oxygène. Il fixa particulièrement son attention sur les phénomènes d'affinité chimique, et découvrit la loi qui porte son nom.

Loi de Berthollet. — Lorsqu'on dissout du carbonate de potasse ou de soude dans de la teinture de tournesol et qu'on y ajoute goutte à goutte un acide, tel que l'acide sulfurique, on voit la liqueur

1. Voyez plus loin *Scheele*.

faire effervescence par l'action de l'acide carbonique qui se dégage; si l'on continue cette addition avec beaucoup de précaution, il arrivera un moment où toute effervescence cesse, et la liqueur sera colorée en rouge vineux. Cette coloration est due à l'acide carbonique; pour s'en convaincre on n'a qu'à chauffer la liqueur : celle-ci reprendra la couleur bleue caractéristique du tournesol à mesure que le gaz acide carbonique sera dégagé par la chaleur. Mais s'il y a la moindre quantité d'acide sulfurique de trop, la liqueur restera colorée en rouge (couleur pelure d'oignon); elle ne se laissera ramener au bleu que par l'addition d'une petite quantité de potasse ou de soude.

Ce fait, sur lequel est fondée l'*alcalimétrie*, fut pour la première fois signalé par Bergmann. L'habile chimiste en tira une conclusion importante, à savoir qu'il faut une quantité déterminée d'un acide pour saturer ou neutraliser une certaine quantité de base, et réciproquement. Il élargit ensuite son cadre par la formation des sels au moyen de la substitution ou de la voie de double décomposition. Enfin multipliant le nombre des expériences, il parvint à construire les premières tables des affinités chimiques ou des *attractions électives*.

Berthollet n'adopta pas toutes les idées de Bergmann. Mais les travaux de ce chimiste ont certainement contribué à l'engager dans une série de recherches dont le résultat général peut s'énoncer ainsi :

Si deux sels A *et* B [1], *dissous dans l'eau, sont mêlés ensemble, et que, par leur réaction, il puisse se former dans la liqueur un sel soluble et un sel insoluble, ou deux sels insolubles, les mêmes sels,* A *et* A, *se décomposeront toujours, c'est-à-dire que l'acide de l'un s'emparera de la base de l'autre, et réciproquement, à moins qu'il ne puisse se former un sel double soluble, ce qui arrive rarement.*

Voilà l'énoncé qui s'appelle *la loi de Berthollet.* C'est moins une loi que l'expression d'un fait général, qui présente quelques exceptions.

Quelque temps avant Berthollet, un chimiste allemand, Wenzel, s'était particulièrement occupé de la composition des substances salines. Il constata que, si l'on connaît les quantités de deux sels nécessaires pour se décomposer mutuellement, on peut en déduire, par le calcul, la composition des deux sels formés. Voici, par exemple, deux liqueurs parfaitement neutres : elles n'ont aucune action sur la teinture du tournesol. L'une tient du sulfate de potasse en dissolution, l'autre du nitrate de baryte. Si vous les mêlez ensemble, vous verrez aussitôt se

1. Les lettres A et B désignent deux sels quelconques.

former un précipité blanc, abondant. Que s'est-il passé? Par la décomposition réciproque des deux sels, il s'est formé du sulfate de baryte insoluble et du nitrate de potasse qui reste en dissolution. Essayez la liqueur avec le même papier réactif, et vous trouverez qu'elle est aussi neutre qu'avant le mélange des deux dissolutions. Pourquoi? C'est que les quantités de potasse et de baryte, qui neutralisent la même quantité d'acide sulfurique, exigent, pour se neutraliser, exactement la même quantité d'acide nitrique. C'est ainsi que l'on trouve que 41,44 parties d'acide nitrique saturent ou neutralisent 58,56 de baryte et 36,09 de potasse, et que 30,68 d'acide sulfurique saturent exactement ces mêmes quantités de bases.

Berthollet avait été élu membre de l'Académie des sciences le 15 avril 1780, à la place de Bucquet. En 1784, il succéda à Macquer comme directeur des Gobelins. En appliquant le premier le chlore au blanchiment des toiles, il rendit un immense service à l'industrie. Plus prompt, plus efficace et moins cher que les anciennes méthodes, le procédé de Berthollet fut bientôt introduit dans toutes les manufactures de l'Europe. Ce savant désintéressé ne voulut accepter des manufacturiers qu'il avait enrichis qu'un ballot de toiles blanchies par son procédé. Vers la même époque, Berthollet fit encore une découverte bien remarquable, celle de l'*acide mu-*

riatique suroxygéné, l'acide chlorique des chimistes actuels[1]. Les sels que forme l'acide chlorique avec les bases, les chlorates, produisent à raison de la grande quantité d'oxygène qu'ils renferment, des effets de combustion plus violents que le nitre. On proposa donc de substituer le chlorate de potasse au salpêtre (nitrate de potasse) dans la fabrication de la poudre à canon. Mais cette poudre offrait des dangers : la première fois que l'on voulut en faire l'expérience à Essone, le choc des pilons la fit éclater : le moulin sauta et cinq personnes périrent ; on n'osa pas renouveler l'essai. Il existe cependant une composition encore plus explosible, plus dangereuse à manier, et dont la découverte est aussi due à Berthollet, c'est l'argent fulminant : il s'offrit à lui pendant ses recherches sur l'alcali volatil[2].

1. Il ne faut pas confondre l'acide muriatique *suroxygéné* de Berthollet, avec l'acide muriatique *oxygéné* de Scheele, qui est le chlore.

2. Les détails relatifs à l'histoire de cette découverte se trouvent dans l'*Analyse de l'alcali volatil*, mémoire de Berthollet, communiqué en 1785 et imprimé en 1788 dans le recueil des *Mémoires de l'Académie des sciences*, p. 316. — Priestley, en foudroyant le gaz alcali volatil (ammoniac) par des étincelles électriques, avait obtenu un gaz inflammable et non absorbable par l'eau : c'était l'hydrogène. Berthollet répéta la même expérience en la variant, et constata que l'autre gaz avec lequel l'hydrogène se trouve combiné pour former l'alcali volatil, est l'azote. Il fit usage, pour cette analyse, de l'eudiomètre de Volta.

L'eudiomètre, réduit à sa plus simple expression, est un tube de verre gradué et à parois fort épaisses. Cet instrument servait

En 1794, Berthollet fut nommé professeur de chimie à l'École normale; mais son enseignement eut peu de succès. « On aurait dit, raconte Cuvier, que toujours maître de sa matière, pouvant la prendre à volonté par tous les points, il supposait dans ses auditeurs la même capacité; et c'est toujours de la supposition contraire qu'un professeur doit partir. » — En 1796, il fut chargé, avec Monge, de faire transporter en France les chefs-d'œuvre de l'art que le succès de la guerre avait livrés au vainqueur de l'Italie. Plus tard, il fut, avec d'autres savants, adjoint à l'expédition d'Égypte, et organisa l'Institut du Caire.

Après son retour en France, Berthollet se retira à Arcueil près de Paris. Dans sa maison de campagne il avait établi un laboratoire; une serre,

surtout autrefois à l'analyse de l'air. A cet effet, on y introduisait un mélange d'air et d'hydrogène, et on foudroyait ce mélange par des étincelles électriques. Il faut se rappeler que l'hydrogène forme, avec l'oxygène, de l'eau, et que l'oxygène entre dans cette formation pour un tiers et l'hydrogène pour deux tiers; en d'autres termes, l'oxygène de l'air prend, à l'aide de l'étincelle électrique, le double de son volume d'hydrogène pour former de l'eau; de sorte que la quantité d'hydrogène étant connue, celle de l'oxygène l'est également. Si l'hydrogène est employé en excès par rapport à l'oxygène, il y aura un résidu d'hydrogène. Si l'on dépasse certaines proportions, et que, par exemple, l'hydrogène soit à l'oxygène comme 16 : 1, l'étincelle électrique ne produira plus aucun effet. L'eudiomètre a été depuis remplacé par d'autres moyens d'analyse plus avantageux et plus exacts.

où il recevait ses amis, lui tenait lieu de salon; son cabinet, où se trouvait une belle bibliothèque, était décoré à l'égyptienne, et, pour rappeler les souvenirs de la campagne d'Égypte, on y voyait peint sur le plafond, le zodiaque de la Denderah. Ce fut dans cette retraite qu'il fonda la célèbre *Société d'Arcueil*, dont les travaux ajoutèrent beaucoup aux progrès de la nouvelle science. Les *Mémoires* publiés par cette Société avaient, pour auteurs, Berthollet, Thenard, Gay-Lussac, Humboldt, etc. Honoré de l'amitié de Napoléon Ier, Berthollet devint comte de l'Empire et sénateur titulaire de la sénatorerie de Montpellier. Après la Restauration il accepta l'un des premiers la pairie. Voici ce qu'on lit à ce sujet dans le *Mémorial de Sainte-Hélène* : « Berthollet, lors des désastres, avait été très-mal pour l'Empereur, qui en fut vraiment affecté, répétant plusieurs fois: « Quoi! Berthollet! mon ami Berthollet!... sur lequel j'aurais dû tant compter! » — Au retour de l'île d'Elbe, il se hasarda à reparaître aux Tuileries, faisant dire par Monge à l'empereur que, s'il n'en obtenait un regard, il se tuerait à la porte en sortant. Et l'empereur ne crut pas pouvoir lui refuser un sourire en passant devant lui. » — Berthollet mourut des suites d'un anthrax, à sa maison d'Arcueil, le 6 décembre 1822, à l'âge de soixante-quatorze ans. Ses idées et découvertes se trouvent consignées dans ses *Éléments de l'art de la teinture* (1791 et 1804), dans ses *Recherches sur les lois de l'affinité* (1801-1806), dans son *Essai de statique chimique*, (1803), dans les *Mémoires* de l'Institut, dans le *Journal de physique*, dans les *Mémoires* de la Société d'Arcueil et dans les *Annales de chimie*.

Monge et Laplace étaient également au nombre des amis de Lavoisier. Mais leurs principaux travaux s'éloignaient de la chimie proprement dite.

Monge (né à Beaune en 1746, mort à Paris le 28 juillet 1818), d'une humble origine, plus tard comte de Péluse et ami de Napoléon Ier, fut ministre de la marine sous la Convention (du 11 août 1792 au 12 août 1793). Au milieu de la tourmente révolutionnaire et en présence de l'Europe coalisée, il se distingua par son activité en multipliant les ressources de la guerre par la fabrication perfectionnée de la poudre et par la transformation des cloches en canons. Mais il ne fit rien pour sauver Lavoisier.

Laplace (né le 23 mars 1749 dans un village de la basse Normandie, mort le 5 mars 1825), enfant de pauvres cultivateurs, plus tard comte de l'Empire, était lié, sous la Terreur, avec les principaux républicains; ministre du premier consul après le 18 brumaire, chancelier du Sénat sous le règne de Napoléon Ier, marquis et pair de France sous la Restauration, qu'avait-il fait pour sauver Lavoisier?

Cependant, avec la conscience d'avoir bien rempli sa vie, et comptant — quelle illusion ! — sur l'appui de ses collègues, Lavoisier avait conservé, jusqu'au dernier moment, l'espoir de vivre pour la science. Peu de temps avant sa mort, il disait à Lalande (qui, étranger à la révolution, avait alors plus de soixante ans) qu'il prévoyait qu'on le dépouillerait de tous ses biens, mais qu'il travaillerait, qu'il se ferait pharmacien pour vivre.

Sans doute il y avait du danger à intervenir en faveur des victimes désignées par le tribunal révolutionnaire. Mais, n'aurait-il pas été plus beau de s'armer de courage que de s'abstenir ? On ne craint rien, quand on vit de manière à être toujours prêt à mourir.

PRIESTLEY.

Les ouvriers du progrès ont tous une seule et même patrie, la pensée libre, devant laquelle s'effacent le temps et l'espace. Anglais, Français, Italiens, Allemands, peu importe leur nationalité, ils vivent dans la même sphère de l'intelligence.

Joseph Priestley naquit le 13 mars 1773, à Fieldhead, près Leeds, en Angleterre. Fils d'un apprêteur de drap, il perdit, à l'âge de six ans, sa mère, et fut élevé par une de ses tantes paternelles, Mme Keigley, dans les principes sévères du culte presbytérien. Ayant beaucoup de goût pour l'étude des langues, il apprit le latin, le grec et l'hébreu ; il se familiarisa aussi avec le français, l'allemand et l'italien. Plus tard la théologie eut pour lui un puissant attrait : il exerçait son esprit à la dialectique dans les controverses religieuses, alimentées par les différentes sectes du protestantisme. Mais les disputes des théologiens, loin de consolider sa foi, l'ébranlèrent au point de le rendre, au grand scandale de sa tante, moitié sceptique et moitié arminien. Devenu prédicateur d'une congrégation de dissidents, il fonda à Nantwich une école primaire. Ce fut là qu'il sentit naître en lui une véritable passion pour la physique expérimentale; elle se développa surtout au milieu des démonstrations qu'il faisait à ses écoliers au moyen des machines électriques et pneumatiques. Il composa aussi une grammaire anglaise qui attira l'attention des chefs de l'Académie dissidente de Warrington. Il y fut appelé en 1761 pour enseigner les langues. Dans la même année il épousa la fille d'un maître de forges du pays de Galles. Pendant son séjour à Warrington, il publia un *Cours d'éducation libérale*, un *Essai sur le gouvernement* et des *Tablettes biographiques*. Un voyage qu'il fit à Londres le mit en relation avec Francklin et Price, qui l'encouragèrent à publier son *Histoire de l'électricité*. La publication de cet ouvrage lui ouvrit, en 1767, les portes de le Société royale de Londres.

Priestley, qui avait alors trente-quatre ans, quitta Warrington et alla s'établir à Leeds, près de son lieu natal. Incertain de sa position, il s'empressa d'accepter l'offre qu'on lui fit d'accompagner le capitaine Cook dans son second voyage de découvertes aux mers australes. Il se préparait à partir lorsqu'il apprit que l'offre qu'on lui avait faite n'avait pas été ratifiée, à cause de ses sentiments religieux, par les membres orthodoxes du conseil de l'amirauté. Ce fut un bonheur pour la science. Priestley resta en Europe, et, grâce à la libéralité du comte Shelburne, plus tard marquis de Lansdown, dont il était devenu le bibliothécaire, il put monter un laboratoire et concourir par ses travaux à la fondation de la chimie moderne.

Comme alchimiste, Priestley resta fidèle à la théorie du phlogistique, en y mettant la ténacité de ses opinions religieuses. Il vécut et mourut phlogisticien. Ce fut en 1772, — notons cette date, — que Priestley publia ses premières observations sur différentes espèces d'air (*Observations on different kinds of air*)[1]. Elles eurent, dès leur apparition, un grand retentissement parmi les savants, et attirèrent particulièrement l'attention de Lavoisier.

A ceux qui soutiennent qu'il n'y a de réel que ce qui tombe sous les sens, on n'a qu'à opposer l'existence des corps aériformes. Un gaz, invisible et impalpable, est tout aussi réel, tout aussi matériel qu'un corps liquide ou solide. Ce fut peut-être, — qui sait? — pour répondre victorieusement aux matérialistes de son temps, que Priestley, le théolo-

1. Ces *Observations* parurent d'abord, sous forme de memoire, dans le tome XII des *Transactions philosophiques* de Londres. Elles furent réimprimées à part; Londres, 1772, in-4.

gien, chercha ses arguments dans la science qui a particulièrement pour objet l'étude de la matière.

Le premier gaz sur lequel portèrent ses recherches est ce que nous appelons aujourd'hui *acide carbonique* et qu'on appelait alors *air fixe* ou *acide aérien.* Le voisinage d'une brasserie lui avait fourni l'occasion d'étudier ce gaz qui se développe pendant la fermentation de la bière. Ses expériences démontrèrent que la pression de l'atmosphère favorise la dissolution de ce corps aériforme dans l'eau, et qu'à l'aide d'une machine à condenser on pourrait aisément parvenir à communiquer à l'eau commune les propriétés des eaux minérales de Seltz, de Pyrmont, etc. Priestley doit donc être considéré comme le véritable inventeur des *eaux gazeuses artificielles.* Il ne prit pas de brevet d'invention.

Un alchimiste, en cherchant l'or, trouva la porcelaine. C'est ainsi que Priestley, en cherchant le moyen de rendre l'acide carbonique (air fixe) propre à la respiration et à la combustion, découvrit 1° que les plantes peuvent très-bien vivre dans le gaz acide carbonique où les animaux périssent; 2° que les plantes communiquent à ce gaz, irrespirable pour les animaux, les propriétés de l'air commun ; 3° que ce dernier phénomène ne se manifeste que sous l'influence de la lumière du jour.

Malheureusement il était alors impossible de donner suite à cette triple découverte, de la développer et d'en tirer tout le parti convenable. Car à l'époque où elle fut faite (en août 1771), l'oxygène était encore inconnu ; il était donc impossible de connaître la composition de l'*air fixe* de Priestley, de savoir que ce gaz, formé d'oxygène et de carbone, est décomposé par les plantes, sous l'influence de la lumière du soleil, et que, dans cet acte de décomposition inimitable, le carbone est fixé et l'oxygène mis en liberté.

Néanmoins, tout en ignorant le phénomène chimique, moléculaire, de la respiration des végétaux, Priestley comprit toute l'importance de cette fonction qui purifie l'air vicié par la respiration des animaux. « Les preuves, dit-il, d'un rétablissement partiel de l'air par les plantes en végétation, servent à rendre très-probable que le tort que font continuellement à l'atmosphère la respiration d'un si grand nombre d'animaux et la putréfaction de tant de matières végétales et animales, est réparé, au moins en partie, par le règne végétal ; et, malgré la prodigieuse masse d'air qui est journellement corrompue par les causes désignées, si nous considérons l'immense profusion de végétaux qui couvrent la surface du sol, on ne peut s'empêcher de convenir que tout est compensé et que le remède est proportionné au mal. »

Priestley signalait encore un autre moyen, moyen mécanique, également propre à l'assainissement de l'atmosphère, « l'agitation des eaux par les vents, et, par suite, la mise en liberté de l'air dissous dans les eaux, qui est encore *plus riche en molécules respirables que l'air commun de l'atmosphère.* »

Ces paroles tiennent de l'inspiration; car l'oxygène était encore à découvrir; conséquemment le fait, aujourd'hui acquis à la science, à savoir que l'air dissous dans l'eau est plus riche en oxygène que l'air de l'atmosphère, était dans les langes de l'inconnu. Ne dirait-on pas qu'une fois engagé dans le chemin du vrai on a pour guide un génie bienfaisant?

Nous avons vu un physicien français, Moitrel d'Elément, enseigner le premier le moyen de recueillir les gaz ou les *airs* sur l'eau. Mais comme la plupart de ces airs sont plus ou moins solubles dans l'eau, il fallait trouver un liquide qui permît de les recueillir intégralement. Ce liquide, c'était le mercure. L'emploi de cet étrange métal devait décidément hâter la naissance de la chimie moderne. Ce fut Priestley qui le premier proposa de substituer, dans ses manipulations, le vif-argent à l'eau. Et depuis lors vous ne rencontrerez nulle part un laboratoire sans cuve à mercure.

Découverte du bioxyde azote (air nitreux), en 1772. — Lorsqu'on traite le cuivre par l'eau-forte (acide nitrique), il se dégage, avec effervescence, des vapeurs rutilantes; en même temps le cuivre verdit et finit par se dissoudre. C'est là une expérience facile à répéter; les alchimistes la connaissaient depuis la découverte de l'eau-forte, ce précieux dissolvant des métaux. Or, Priestley eut un jour l'idée de recueillir sur le mercure l'air qui forme ces *vapeurs rutilantes :* personne ne l'avait encore essayé avant lui. A sa grande surprise, au lieu d'un air rouge, il obtint un air parfaitement incolore, aussi incolore que l'air atmosphérique. Il l'appela *air nitreux* ; nous l'appelons aujourd'hui *bioxyde* ou *deutoxyde d'azote.* Mais en enlevant l'éprouvette qui l'emprisonnait, il remarqua que cet air nitreux prend aussitôt une couleur fauve, exactement comme dans l'expérience qui consiste à traiter le mercure, à l'air libre, par l'eau-forte. Il constata aussi que cet air incolore et qui rougit au contact de l'air atmosphérique, est irrespirable, non précipitable par l'eau de chaux, et qu'il produit une flamme verte quand on le brûle avec l'hydrogène.

Mais que se passe-t-il au moment où *l'air nitreux* incolore rougit au contact de l'air?

Ce ne fut pas Priestley, mais Lavoisier qui répondit à cette question : Priestley ne se l'était pas même posée. Préoccupé à la fois de la théorie du phlogistique et des applications utiles de la science, Priestley se contenta de proposer l'*air nitreux* (bioxyde d'azote), comme un moyen d'analyser l'air ou d'en reconnaître la pureté. Il assure avoir ainsi constaté une différence notable entre l'air du dehors et l'air de son laboratoire, où avaient respiré plusieurs personnes. Il proposa encore l'air nitreux comme un préservatif de la putréfaction, pour conserver des cadavres, des pièces d'anatomie, etc. Il dit avoir conservé par ce moyen, au milieu des chaleurs caniculaires de 1772, deux souris mortes, n'offrant, au bout de vingt-cinq jours, aucun indice de putréfaction.

Voyons comment Lavoisier traita la question que Priestley n'osa pas aborder franchement. Les vapeurs rutilantes qui se dégagent quand on traite le cuivre ou le mercure par l'eau-forte viennent-elles du métal ou de l'acide? Elles viennent de l'acide, répondit résolûment Lavoisier : l'acide se décompose et nous met ainsi directement sur la voie de sa propre composition.

Lovoisier prépara *l'air nitreux* de Priestley (bioxyde d'azote) en substituant le mercure au cuivre après avoir préalablement pesé les quantités de mercure et d'acide nitrique employés. Il distingua ensuite trois moments de l'opération : 1° le bioxyde d'azote recueilli et pesé pendant la première effervescence de l'acide; 2° le même gaz recueilli et pesé pendant la décomposition du nitrate mercuriel formé, résultat obtenu en continuant à chauffer le matras; 3° le gaz (oxygène) recueilli et pesé après la décomposition du mercure rouge (oxyde) à l'aide de la chaleur continuée jusqu'à ce que le mercure revînt à son état métallique. « Le mercure étant sorti de cette expérience comme il y était entré, c'est-à-dire sans altération, ni dans sa qualité, ni même sensiblement dans son poids, j'étais, ajoute avec raison Lavoisier, en droit de conclure que l'acide nitrique (qu'il appelait alors *acide nitreux*) se compose d'air nitreux et d'un *air plus pur que l'air commun* (il connaissait déjà l'*oxygène*). » Pour achever la démonstration il décomposa l'acide nitrique en mêlant ensemble, dans des proportions déterminées, l'oxygène et le bioxyde d'azote, en présence de l'eau où l'acide pouvait se dissoudre à mesure qu'il se formait.

Découverte de l'azote en 1772. — Pour reconnaître l'*air rendu irrespirable par la vapeur de charbon*, Priestley fit plusieurs expériences qui furent également répétées par Lavoisier. Ces expériences consistent à suspendre des morceaux de charbon dans des vaisseaux de verre remplis d'air et à brûler ce charbon au foyer d'une lentille. Il remarqua que, dans ces expériences, il se produit de l'air fixe (acide carbonique), absorbé et précipité en blanc par l'eau de chaux; qu'après cette absorption la colonne d'air est diminuée d'un cinquième, et que l'air qui reste éteint la flamme, fait périr les animaux, n'est absorbé ni par l'air nitreux (bioxyde d'azote), ni par un mélange de limaille de fer et de soufre humide, etc. Cet air ainsi obtenu et parfaitement caractérisé, c'était le gaz qui reçut le nom d'*azote*.

Malheureusement, Priestley se perdit encore ici dans des divagations théoriques, essayant de tout expliquer par le phlogistique. Cette matière invisible et insaisissable se dégage, suivant lui, du charbon allumé, se combine avec l'air et en diminue le volume; ensuite l'eau, agitée avec cet air, lui enlève le phlogistique et se trouve rétablie dans son état naturel. Conformément à cette manière de voir, l'azote s'appelait *air phlogistiqué*, et l'oxygène *air déphlogistiqué*.

Priestley observa aussi la diminution du volume de l'air dans lequel on calcine un métal. Mais son esprit systématique le fit encore dévier de la route de la vérité. Le résidu aériforme, obtenu dans cette expérience n'était pour lui que de l'air, mais chargé du phlogistique dégagé pendant la calcination. Lavoisier ne se trompa pas sur la nature de cette *mofette*, de cet *air phlogistiqué*, de l'*azote* enfin, faisant partie de la composition de l'atmosphère, de l'ammoniaque et d'une foule de substances végétales et animales. Son génie féconda un fait qui serait demeuré stérile entre les mains des partisans du phlogistique.

A cette occasion, Lavoisier revint sur l'impuissance de la théorie du phlogistique. Ses paroles méritent d'être citées : « Les chimistes ont fait du phlogistique un principe vague qui n'est point rigoureusement défini et qui, par conséquent, s'adapte à toutes les réflexions dans lesquelles on veut le faire entrer ; tantôt ce principe est pesant et tantôt il ne l'est pas ; tantôt il est le feu libre, tantôt il est le feu combiné avec l'élément terreux ; tantôt il passe à travers les pores des vaisseaux, tantôt ils sont imperméables pour lui ; il explique à la foi la causticité et la non-causticité, la diaphanéité et l'opacité, les couleurs et l'absence des couleurs. C'est un véritable Protée qui change de forme à chaque instant. Il est temps de ramener la chimie à une manière de raisonner plus rigoureuse, de dépouiller les faits, dont cette science s'enrichit tous les jours, de ce que les systèmes et les préjugés y ajoutent ; de distinguer ce qui est de fait et d'observation d'avec ce qui est systématique et hypothétique[1]. »

Découverte du protoxyde d'azote. — En 1773, Priestley obtint un gaz qui provenait de l'air nitreux (bioxyde d'azote) ayant longtemps séjourné sur de la limaille de fer mouillée. Ce gaz partage avec l'oxygène la propriété d'alimenter la flamme

1. *OEuvres de Lavoisier*, t. II, p. 640.

avec un vif éclat. Aussi Priestley le confondit-il avec l'*air déphlogistiqué* (oxygène). On sut plus tard que le gaz ainsi obtenu contient de l'azote, mais moitié moins que le bioxyde d'azote; de là le nom de *protoxyde d'azote*. La découverte de ce gaz se trouve donc divisée en deux périodes : dans la première, il est confondu avec l'oxygène; dans la seconde, il en est nettement distingué par l'analyse[1].

Découverte du gaz acide chlorhydrique.—L'acide chlorhydrique s'appelait autrefois *esprit de sel*. Il faut ici bien distinguer entre l'esprit de sel recueilli comme un air incolore, particulier, et l'esprit de sel qui se dégage, sous forme de vapeurs blanches, quand on traite, au contact de l'atmosphère, le sel marin (chlorure de sodium) par l'huile de vitriol (acide sulfurique). L'esprit de sel (acide chlorhydrique mêlé à l'air), obtenu par le dernier procédé, était connu depuis des siècles; les alchimistes avaient bien souvent l'occasion de traiter le sel marin par

1. Le protoxyde d'azote reçut de Davy le nom de *gaz hilarant* (voy. plus bas). De nos jours, on est parvenu à le rendre liquide et à le solidifier par un procédé analogue à celui que Thillorier avait employé pour le gaz acide carbonique. Le protoxyde d'azote devient liquide à zéro, sous une pression de trente atmosphères. Versé, sous cette forme, dans une capsule de platine chauffée au rouge, il prend l'état sphéroïdal. Évaporé sous le récipient de la machine pneumatique, il se solidifie, en produisant un abaissement de température de 120° au-dessous de zéro. C'est le plus grand froid qu'on ait jusqu'à présent obtenu.

l'acide qu'ils obtenaient comme une *huile* par la distillation du vitriol vert (sulfate de fer) ou du vitriol bleu (sulfate de cuivre). Priestley recueillit le premier, en 1772, l'esprit de sel à l'état de gaz pur. Et c'est de là que date, à proprement parler, la découverte du gaz acide chlorhydrique : l'esprit de sel prit dès lors rang parmi les corps aériformes.

Sans l'heureuse idée de recueillir les gaz sur le mercure, Priestley n'aurait jamais fait cette découverte; car l'eau absorbe l'esprit de sel avec une avidité extrême : celui qui voudrait le recueillir sur l'eau n'obtiendrait qu'une dissolution aqueuse de cet acide. Ce n'est même que sous cette forme qu'on le connaît dans le commerce. Priestley démontra par la distillation que l'esprit de sel, appelé alors *acide muriatique* (acide chlorhydrique) n'est, en effet, qu'un *air acide* dissous dans l'eau. Il en étudia les propriétés les plus saillantes : il signala l'action de ce gaz sur les huiles, son absorption par le charbon, sa grande solubilité dans l'eau, ce qui explique la formation de ses vapeurs blanches : elles proviennent de l'absorption de l'humidité de l'air. Mais dominé par ses idées théoriques, il se trompe complétement sur la véritable composition du gaz qu'il avait découvert. Ayant observé que, par le contact de l'acide muriatique avec le plomb, l'étain, le fer, il se produisait une certaine quantité d'air inflammable (hydrogène), Priestley en conclut que cet air n'était lui-même qu'une combinaison d'un air acide avec le phlogistique. C'était là une erreur.

Lavoisier répéta les expériences de Priestley, les perfectionna et en imagina de nouvelles. Il constata ainsi que le *gaz acide muriatique* diminue de volume par le froid et qu'il est compressible comme l'air en raison des poids dont on le charge, d'où il entrevoyait la possibilité de le réduire à l'état solide ou liquide par l'action réunie d'une forte pression et d'un refroidissement très-considérable. Il remarqua que de l'eau, en petite quantité, mise en contact avec le gaz acide muriatique s'échauffe fortement, ce qu'il attribuait au calorique devenu libre, pendant que le gaz se contracte en se dissolvant dans l'eau. Il montra que ce gaz est irrespirable, et que les animaux y périssent en quelques secondes, au milieu de violentes convulsions. Enfin, il le combina avec les alcalis, les terres, les métaux. Mais il se trompa, avec Priestley, sur la véritable composition du gaz acide muriatique.

Lavoisier se trompait, parce qu'il faisait entrer l'*oxygène* dans toutes les combinaisons acides ou basiques, de la même façon que Priestley, faisant partout intervenir le *phlogistique*. Leur commune erreur provenait d'une exagération théorique, mais avec cette différence, c'est que la théorie de Lavoisier avait pour point de départ un corps réel, tandis que la théorie de Priestley reposait sur un être fictif. La première n'avait besoin que d'être rectifiée, la dernière devait être renversée et remplacée. Nous reviendrons sur ces débats, les plus intéressants peut-être de toute l'histoire de la chimie.

Découverte du gaz ammoniac. — De tout temps on connaissait l'air suffocant, d'une odeur toute particulière, qui s'élève des fosses d'aisances, surtout quand on y jette de la chaux vive. Mais, personne, avant Priestley, n'était parvenu à le recueillir. Pourquoi? parce que cet air (gaz ammoniac) étant aussi soluble dans l'eau que le gaz acide muriatique, il aurait fallu le recueillir sur le mercure.

Pendant des siècles on ne connaissait donc le gaz ammoniac que dissous dans l'eau, et c'est dans cet état de dissolution aqueuse qu'il s'appelle *alcali volatil*. Kunckel (né vers 1610, mort en 1702) avait dit : « Lorsqu'on traite le sel ammoniac avec de la chaux vive, on obtient la partie urineuse, d'une odeur très-forte. » C'est le procédé qu'employa Priestley, en chauffant 1 partie de sel ammoniac (chlorhydrate d'ammoniaque) avec 3 parties de chaux. La *partie urineuse*, recueillie dans une cuve à mercure, il l'appela *air alcalin*. Il montra qu'il est un peu moins léger que l'air inflammable, et il en essaya l'action sur un grand nombre de substances. Chacun apprit alors que pour verdir les violettes, il suffit de les mettre en contact avec un dégagement de gaz ammoniac.

Lavoisier répéta et développa les expériences de Priestley. Il reconstitua le sel ammoniac en combinant directement l'air alcalin avec le gaz acide muriatique. Mais il n'était réservé qu'à Berthollet de découvrir la véritable composition du gaz ammoniac.

Découverte du gaz acide sulfureux. — Ce gaz, caractérisé par son odeur suffocante, se produit chaque fois qu'on brûle du soufre à l'air; il était donc connu de toute antiquité, mais à l'état impur, mêlé, comme les autres gaz, à l'air atmosphérique. Personne avant Priestley ne l'avait vu isolément : il l'obtint pour la première fois pur en le recueillant sur une cuve à mercure. Priestley prépara ce gaz, qu'il appelle *air acide vitriolique*, en chauffant l'acide vitriolique (sulfurique) avec du charbon. Il montra que cet air, transparent et incolore, éteint les corps en combustion, et qu'il est absorbé par le charbon, par le borax, etc.

Lavoisier répéta et développa les expériences du grand physicien anglais. Il donna à l'air acide vitriolique le nom d'*acide sulfureux*. Il obtint ce gaz en traitant le sulfite de potasse par l'acide sulfurique concentré. Il le montra bien moins soluble dans l'eau que le gaz acide muriatique; il le combina avec la potasse, la soude et l'ammoniaque pour former des sulfites, et constata expérimentalement qu'un animal, tel qu'un oiseau ou une souris, périt à l'instant même sous une cloche remplie de gaz acide sulfureux.

Hydrogène bicarboné et hydrogène. — Priestley recueillit aussi le premier l'*hydrogène bicarboné*; mais il le confondait avec l'hydrogène. Il ne donna pas non plus de nom particulier au *gaz oxyde de carbone*, facile à reconnaître à sa flamme bleue, et qu'il fut également le premier à recueillir.

Il employait deux procédés différents pour préparer l'*air inflammable*. L'un (procédé décrit par Cavendish) consiste à traiter le fer ou le zinc par l'acide sulfurique étendu d'eau, l'autre à soumettre des matières et parfois du bois, etc., à la distillation sèche. Ce dernier procédé donnait le gaz d'éclairage (hydrogène bicarboné impur); le premier seul donnait de l'hydrogène pur. Mais comme l'un et l'autre gaz sont incolores et qu'ils brûlent à l'air avec flamme (flamme moins éclatante pour l'hydrogène que pour le gaz d'éclairage), Priestley, Lavoisier et tous les chimistes d'alors les confondaient sous le nom commun d'*air inflammable*. Le physicien anglais démontra le premier l'irrespirabilité de cet air mélangé de gaz inflammables, par des expériences sur des oiseaux qui y meurent dans des mouvements convulsifs.

Découverte de l'oxygène. — Dans le courant de l'année 1771, Priestley eut l'idée de chauffer du nitre dans un canon de fusil et de recueillir le gaz qui se dégageait pendant cette expérience. L'*air*, ainsi obtenu, se distinguait de tous les autres en ce que, « loin d'éteindre une chandelle, il en augmentait la combustion avec un bruit semblable à celui que produit la déflagration du nitre. » Priestley l'appela *air du nitre*. C'était l'oxygène, mais l'oxygène impur, mêlé de protoxyde d'azote. Ces faits paraissaient, avec raison, *très-importants*, *très-extraordinaires* à l'illustre physicien anglais. « Dans des mains habiles, ils pourront, ajoutait-il, conduire à des *découvertes considérables*. »

Cette prophétie fut en partie réalisée par son propre auteur. On savait de tout temps que les chaux (oxydes) métalliques se révivifient quand on les chauffe avec du charbon. Priestley eut le premier l'idée d'employer, pour révivifier les oxydes métalliques, non plus le charbon, mais l'électricité. Il décomposa donc le minium (oxyde de plomb) par des étincelles électriques, — la pile n'était pas encore inventée, — et il recueillit sur le mercure le gaz qui prit ainsi naissance. Ce gaz, c'était l'oxygène pur.

Priestley tenait donc dans ses mains l'une des plus belles découvertes de la science; mais ses préoccupations théoriques la lui firent lâcher immédiatement. Comme il voyait *l'air*, obtenu par la décomposition du minium à l'aide de l'électricité, se dissoudre en partie dans l'eau, il le regarda comme identique avec *l'air fixe* (acide carbonique), qui se produit quand on révivifie les oxydes métalliques par le charbon; il confondait *l'air* (oxygène) qu'il ne connaissait pas, avec *l'air* (acide carbonique) qu'il croyait bien connaître. Pourquoi le sagace physicien n'employa-t-il pas ici ses deux réactifs habituels, la respiration et la combustion? Il aurait aussitôt reconnu la différence profonde qui existe entre ces deux gaz. (Voy. *Lavoisier.*) Mais d'après l'idée qu'il s'était faite du phlogistique, Priestley n'y aurait pas trouvé son compte.

Quelle fascination que la puissance d'un système, d'un dogme! Voyez plutôt. Priestley s'était beaucoup occupé d'électricité; il avait consacré une partie de sa vie à l'histoire de cette importante branche de la physique. Or, comme physicien il avait sur l'électricité une opinion arrêtée, une théorie à laquelle il tenait, autant peut-être qu'à son honneur. Pour lui, le fluide électrique était le fluide le plus abondant en phlogistique, sinon le phlogistique lui-même. D'après cette théorie, l'électricité devait agir sur le minium exactement comme le charbon, réputé également très-riche en phlogistique. Comprenez-vous maintenant pourquoi Priestley s'obstinait à ne pas voir dans l'air (oxygène) obtenu par l'électricité, un air différent de celui (acide carbonique) obtenu avec le charbon? C'est qu'en reconnaissant cette différence, il aurait du même coup ruiné toute sa théorie. Ah! qu'il en coûte aux hommes d'avouer qu'ils se trompent!

Mais reprenons le fil de notre histoire. L'expérience, aussi belle qu'ingénieuse, de la décomposition du minium par les étincelles électriques, demeura donc stérile, parce qu'aux yeux de son auteur ce n'était qu'un moyen de plus d'obtenir l'air fixe. Ce ne fut qu'environ trois ans plus tard qu'en variant l'expérience il se mit à examiner de plus près le résultat obtenu. *A raison* de l'importance du sujet, nous citerons les paroles mêmes de Priestley. « Le 1er août 1774, je tâchais, dit-il, de tirer de l'air du *mercure calciné per se* (mercure converti en oxyde rouge par la chaleur), et je trouvai sur-le-champ que, par le moyen d'une forte lentille, j'en chassais l'air très-promptement. Ayant recueilli de cet air environ trois ou quatre fois le volume de nos matériaux, j'y admis de l'eau et je trouvai qu'elle ne s'absorbait point; mais ce qui me surprit plus que je ne saurais l'exprimer, c'est qu'une chandelle brûla, dans cet air, avec une flamme d'une vigueur remarquable. »

Si Priestley s'était avisé de faire cette expérience avec l'*air* provenant de la décomposition du minium par les étincelles électriques, il aurait obtenu exactement le même effet qu'avec l'*air* retiré du *mercure calciné*, et il ne l'aurait pas confondu avec l'air fixe qui, loin de faire brûler une chandelle avec plus de vigueur, l'éteint, au contraire, sur-le-champ.

L'habile expérimentateur obtint le même air avec le *précipité rouge*, c'est-à-dire avec l'oxyde rouge de mercure, préparé en chauffant le mercure avec l'acide nitrique. Rapprochant cette expérience de celle qui précède, il en conclut que l'atmosphère renferme *quelque chose de nitreux*, et que ce *quelque chose* change le mercure en chaux (oxyde rouge), quand on calcine ce métal à l'air. Mais, Priestley ne se rendit pas encore à l'évidence. Il se persuada d'abord que ce gaz était le même que celui qu'il avait obtenu, une année auparavant (en 1773), en maintenant, pendant quelque temps, l'air nitreux (bioxyde d'azote) sur de la limaille de fer humide[1]. Concevant ensuite quelque doute sur la pureté du précipité rouge employé il ne négligea rien pour s'en procurer de plus pur, et il fit même, en partie dans cette intention, le voyage de Paris. « Me trouvant, dit-il à Paris au mois d'octobre suivant (de l'année 1774), et sachant qu'il y a de très-habiles chimistes dans cette ville, je ne manquai pas l'occasion de me procurer, par le moyen de mon ami, M. Magellan, une once de mercure calciné, préparé par M. Cadet, et dont il n'était pas possible de suspecter la

1. Voyez page 146.

bonté. Dans le même temps je fis part plusieurs fois de la surprise que me causait l'air que j'avais tiré de cette préparation, à MM. Lavoisier, Leroi et autres physiciens qui m'honorèrent de leur attention dans cette ville, et qui, j'ose le dire, ne peuvent manquer de se rappeler cette circonstance. »

Sûr de la pureté de son oxyde rouge de mercure, Priestley fit cette fois une expérience comparative avec l'oxyde rouge de plomb (minium). En chauffant l'un et l'autre au foyer d'un miroir ardent, il obtint, dans les deux cas, la même espèce d'air, et il se confirma dans l'opinion que l'atmosphère contient quelque chose de nitreux, un air assez semblable à l'esprit nitro-aérien de Mayow.

« Cette expérience avec le minium me confirma, dit Priestley, davantage dans mon idée que le mercure calciné doit emprunter à l'atmosphère la propriété de fournir cette espèce d'air, le mode de préparation du minium étant semblable à celui par lequel on fait le mercure calciné. Comme je ne fais jamais un secret de mes observations, je fis part de cette expérience, aussi bien que de celles sur le mercure calciné et sur le précipité rouge, à toutes mes connaissances à Paris et ailleurs. Je ne soupçonnais pas alors où devaient me conduire ces faits remarquables. »

Cependant Priestley resta jusqu'au mois de mars 1775 dans l'ignorance de la nature réelle du gaz (oxygène) en question. Et, à cette époque, Lavoisier avait déjà publié son *Mémoire sur la calcination de l'étain* (dans les *Mémoires de l'Académie des sciences*, an. 1774, p. 351), où il mit en évidence la composition de l'air et l'existence de l'oxygène[1]. Ce ne fut que le 8 mars 1775 que Priestley démontra, par l'expérience d'une souris, que l'air dégagé du mercure calciné est au moins *aussi bon à respirer, sinon meilleur* que l'air commun. Cet air, *meilleur que l'air commun*, il l'appela *air déphlogistiqué*. Il constata, par des observations ultérieures, que l'*air déphlogistiqué* est un peu plus pesant que l'air commun, et qu'il forme, avec l'air inflammable (hydrogène), employé dans de certaines proportions, un mélange détonnant à l'approche d'une flamme; enfin il indiqua le moyen de produire à volonté, une température très-élevée, à l'aide de soufflets ou de vessies remplis d'air déphlogistiqué.

Par cette indication Priestley peut passer pour l'inventeur du *chalumeau à gaz*, qui devait rendre de si grands services dans l'analyse des minéraux. Il eut aussi le premier l'idée d'introduire l'usage de cet air en médecine et de l'appliquer au traitement de la phthisie pulmonaire. Car, selon sa doctrine, la respiration aurait pour but de s'opposer sans cesse à la putréfaction en évacuant du poumon l'air qui se

1. Voyez page 85.

produit pendant la fermentation, c'est-à-dire l'air fixe (gaz acide carbonique); et le meilleur moyen de favoriser cette action, consisterait dans l'emploi de l'air déphlogistiqué, ou, comme on l'appelait encore, de *l'air vital*.

Priestley eut la curiosité d'expérimenter l'action de cet air sur lui-même, en l'introduisant dans les poumons, à l'aide d'un siphon aspirateur « La sensation qu'éprouvèrent mes poumons, dit-il, ne différait pas d'abord de celle que cause l'air commun. Mais bientôt ma poitrine me semblait plus dégagée et singulièrement à l'aise pendant quelque temps. Qui peut assurer que dans la suite cet *air pur* (oxygène) ne deviendra pas un objet de luxe tout à fait à la mode? Il n'y a eu jusqu'ici que deux souris et moi, qui ayons eu le privilége de le respirer. » — Enfin l'auteur invite les chimistes de tous les temps et de tous les pays à s'assurer, par des expériences réitérées, si l'atmosphère conservera toujours le même degré de pureté, la même proportion d'air vital, ou si elle éprouvera quelque modification dans la suite des siècles.

En jetant un coup d'œil rapide sur les remarquables travaux de Priestley, on serait tenté de proclamer le savant anglais comme le véritable père de la chimie moderne. Mais en y regardant de plus près, on arrive à se convaincre que, sans le génie fécondant de Lavoisier, les belles et ingénieuses expériences de Priestley seraient demeurées stériles, parce que dans l'esprit de leur auteur, elles ne devaient servir qu'à étayer l'échafaudage du phlogistique.

Au reste, Lavoisier lui-même rend justice à l'illustre physicien anglais. Voici ce qu'il dit au commencement de son mémoire *Sur les fluides aériformes :* « Les expériences dont je vais rendre compte appartiennent presque toutes au docteur Priestley ; je n'ai d'autre mérite que de les avoir répétées avec soin, et surtout de les avoir rangées dans un ordre propre à présenter des conséquences. »

C'est ainsi que Lavoisier alla résolûment à l'encontre des insinuations de ses adversaires. Si nous avions quelque doute à cet égard, l'insistance qu'il met à y revenir suffirait pour le dissiper. Ainsi, dans un autre mémoire (*Sur l'existence de l'air dans l'acide nitreux*), « je commencerai, dit-il, avant d'entrer en matière, par prévenir le public qu'une partie des expériences contenues dans ce mémoire ne m'appartiennent point en propre; peut-être même, rigoureusement parlant, n'en est-il aucune dont M. Priestley ne puisse réclamer la première idée; mais, comme les mêmes faits nous ont conduits à des conséquences diamé-

1. *De quelques substances qui sont constamment dans l'état de fluides aériformes au degré de chaleur et de pression habituel de l'atmosphère;* (dans le *Recueil des mémoires de chimie* de Lavoisier, t. II, p. 348.)

tralement opposées, j'espère que, si l'on me *reproche d'avoir emprunté des preuves des ouvrages de ce célèbre physicien, on ne me contestera pas au moins la propriété des conséquences.* »

Ces dernières lignes sont toute une révélation. A juger par analogie, d'après ce qui se passe dans un autre domaine de l'histoire, il est certain que le grand novateur devait avoir pour implacables adversaires tous les partisans fanatiques des doctrines du passé. Les adversaires qui se montrent sont faciles à combattre. Malheureusement Lavoisier ne se trouvait pas dans une position assez effacée, assez peu enviable, pour espérer que tous ceux qui ne partageaient pas ses idées l'attaqueraient au grand jour. Et quand il se plaignait de n'être pas compris des chimistes, il ne répondait probablement qu'aux objections d'une minorité assez loyale et assez courageuse pour repousser, sans arrière-pensée, des innovations qu'elle ne comprenait point et que Priestley avait essayé de faire concorder avec une théorie alors presque universellement adoptée. Mais ceux qui travaillaient sous les auspices de Lavoisier, ses collaborateurs et ses collègues de l'Académie, avaient-ils tous la même franchise? Est-ce que sa supériorité ne devait pas porter ombrage aux médiocrités jalouses? Il faudrait bien peu connaître le cœur humain pour conserver à cet égard le moindre doute. En général, on est porté à beaucoup d'indulgence, lorsqu'on juge des hommes qui ont disparu de la scène. C'est alors que, pour s'éclairer, il importe de s'adresser aux témoignages contemporains d'une incontestable autorité. Aussi devons-nous ajouter foi à ces paroles de Lalande[1], quand, après avoir tracé le portrait de Lavoisier, il ajoute : « Son crédit, sa réputation, sa fortune, sa place à la Trésorerie, lui donnaient une prépondérance dont il ne se servait que pour faire le bien, mais *qui n'a pas laissé de lui faire des jaloux. J'aime à croire qu'ils n'ont pas contribué à sa perte.* »

Ces paroles, pleines de réticence, laissent le champ libre à toutes sortes de conjectures. Lavoisier avait accueilli la grande révolution, sinon avec enthousiasme, du moins avec une parfaite sérénité. Est-ce qu'il n'avait pas été lui-même brûlé en *effigie* à Berlin par de fanatiques phlogisticiens?

Revenons à Priestley. Cet illustre savant, s'était séparé du marquis de Lansdown, son Mécène, pour suivre avec indépendance ses idées religieuses et politiques. Accusé d'incrédulité par les orthodoxes, il fut choisi par ses partisans pour diriger, à Birmingham, la principale église dissidente. Dans cette ville il rencontra des physiciens, tels que Watt,

1. Lalande, né le 11 juillet 1732 à Bourg, mourut à Paris le 4 avril 1807.

Withering, Bolton. Ses amis se cotisèrent pour subvenir à la fois aux frais de ses expériences chimiques et de ses controverses religieuses. Il publia de nombreux écrits en faveur des dissidents, et se forma une croyance particulière, également éloignée du dogmatisme catholique et du protestantisme intolérant.

Aussi libéral en politique qu'en religion, Priestley salua la révolution française comme une ère nouvelle. La Convention nationale ne pouvait mieux faire que de proclamer citoyen français l'homme qui toute sa vie avait combattu pour la cause du progrès et de la liberté. Lavoisier vivait encore quand Priestley reçut de la Convention nationale le titre de citoyen français. Ce titre devait lui coûter cher. Le 14 juillet 1791, quelques-uns de ses amis se réunirent pour célébrer l'anniversaire de la prise de la Bastille. Priestley évita d'assister à ce banquet. Cela ne fit pas le compte de ses ennemis. Après avoir saccagé le lieu de réunion, quelques forcenés vinrent assaillir le foyer d'où étaient sorties tant de vérités, tant de découvertes utiles : en peu d'instants, manuscrits, bibliothèque, instruments, furent détruits, et la maison entière fut livrée aux flammes. Priestley ne fit entendre aucune plainte contre un peuple égaré. Mais il quitta bientôt son ingrate patrie. Sexagénaire, il s'embarqua en 1794, pour l'Amérique, où il éleva une dernière fois la voix en faveur de la théorie du phlogistique. Il s'y acquit l'amitié du président Jefferson, et mourut, en 1804, avec les sentiments du chrétien qui met toute son espérance en un monde meilleur.

Étrange destinée, que celle de Lavoisier et de Priestley! L'un meurt dans sa patrie, sous la hache révolutionnaire, l'autre expire sur la terre étrangère. La fable de Prométhée, n'est-ce pas l'allégorie du sort des bienfaiteurs de l'humanité?

De la difficulté de faire adopter une nouvelle manière de voir. — Si nous effaçons un moment, par la pensée, tout le progrès que la science avait fait depuis moins d'un siècle, nous comprendrons sans peine que les chimistes, contemporains de Lavoisier, n'aient pas voulu tous admettre les conséquences que celui-ci avait tirées des expériences de Priestley. Nous touchons là à un point d'une grande portée; il mérite d'être mis en relief.

Il n'y a pas deux hommes qui voient les mêmes choses exactement de la même façon. On peut donc établir en principe qu'il y a autant de manières de voir différentes qu'il y a d'individus. Mais, parmi ces manières de voir, il y en a très-peu qui se perfectionnent et se transmettent indéfiniment. Priestley se faisait des *gaz* ou *corps aériformes* une tout autre idée que Lavoisier. Ce qui fixait l'attention du premier, n'attirait que médiocrement celle du second. L'*état aériforme*, cet état d'un corps invisible et impalpable comme l'air, voilà la chose principale pour Priestley ; ce n'était là qu'un accessoire pour Lavoisier. De là, deux théories radicalement différentes, dont on trouve déjà des traces chez les philosophes grecs, et dont il faut chercher l'origine dans l'organisation même de la nature humaine.

Nous avons remarqué que Priestley emploie toujours deux mots pour désigner un gaz, le nom constant du genre (*air*), et le nom variable de l'espèce. Il nous présente ainsi : l'AIR *fixe*, l'AIR *inflammable*, l'AIR *nitreux*, l'AIR *phlogistiqué*, l'AIR *déphlogistiqué*, etc. Tous ces fluides élastiques n'étaient, suivant Priestley, que de l'*air*, de l'air commun, *transformé* ou *diversement modifié* ; le principal agent de ces transformations ou modifications diverses c'était le *phlogistique*.

Cette théorie s'enchaînait à merveille avec la manière de voir des anciens relativement à la composition des substances naturelles : l'air, l'eau, la terre, passaient pour les éléments des corps, non pas dans le sens qu'on y attache aujourd'hui, mais parce que tous les corps de la nature ne s'offrent à nous que dans l'état aériforme, dans l'état liquide, dans l'état solide, auxquels il faut ajouter encore l'état igné. Ces différents états de la matière, ayant pour type l'air, l'eau, la terre et le feu, voilà les éléments, selon l'idée des anciens. La chaux, la silice, l'alumine, etc., étaient des terres, c'est-à-dire des modifications particulières de la terre ou de ce qui se présente à nous à l'état solide. La même manière de voir s'appliquait à ce qui est liquide, gazeux, etc., de telle façon que tous les objets, qui tombent sous nos sens, ne seraient, en dernière analyse, que des modifications diverses ou des états *allotropiques* de l'air, de la terre, de l'eau et du feu. Ce dernier élément (chaleur et lumière réunies) avait de tout temps embarrassé les physiciens. Aussi l'avaient-ils tantôt admis, tantôt retranché du nombre des éléments. Pour tout concilier, Stahl le fixa et le répandit inégalement, sous le nom de *phlogistique,* dans tous les corps matériels. C'est ainsi que cette théorie célèbre tendait à tout ramener à l'unité de substance à travers les évolutions infinies de la matière. Elle avait pour elle le prestige de l'autorité, et semblait même sanctionnée par notre propre nature. En effet, est-ce que l'intelligence ne tend pas à unifier ce que les sens diversifient?

En déclarant le phlogistique une chose fictive, imaginaire, Lavoisier, fit donc un vrai coup d'état scientifique. Pour le justifier il eut soin de mettre en relief les embarras et les contradictions des Stahliens qui, pour faire accorder l'expérience avec la théorie, étaient obligés de donner le phlogistique, tantôt comme quelque chose de pesant, tantôt comme ne pesant rien. En retranchant le phlogistique du domaine des réalités, il maintint rigoureusement la distinction des corps en solides, liquides et gazeux. Mais, quelle différence d'avec la manière de voir de Priestley!

D'après Lavoisier, la même substance peut être solide, liquide ou aériforme, suivant les conditions où elle se trouve. L'état de gaz ou de fluide aériforme n'est qu'un accident qui ne touche en rien à la nature du corps; il n'en modifie ni la simplicité, ni la composition. Afin de mieux faire comprendre ce qu'il ne « cessait vainement de répéter depuis plusieurs années, » il s'élança, sur les ailes du génie, dans l'infini de l'espace. « Considérons un moment, disait-il, ce qui arriverait aux différentes substances qui composent le globe, si la température en était brusquement changée. Supposons, par exemple, que la terre se trouve transportée tout à coup dans une région où la chaleur habituelle serait fort supérieure à celle de l'eau bouillante : bientôt l'eau, tous les liquides susceptibles de se vaporiser à des degrés voisins de l'eau bouillante, et plusieurs substances métalliques même se transformeraient en fluides aériformes qui deviendraient parties de l'atmosphère. Ces nouveaux fluides aériformes se mêleraient avec ceux déjà existants, et il en résulteraient des décompositions réciproques, des compositions nouvelles.... On pourrait, dans cette hypothèse, examiner ce qui arriverait aux pierres, aux sels et à la plus grande partie des substances fusibles qui composent le globe : on conçoit qu'elles se ramolliraient, qu'elles entreraient en fusion et formerait des liquides.... Si, par un effet contraire, la terre se trouvait tout à coup placée dans des régions très-froides, par exemple de Jupiter ou de Saturne, l'eau qui forme aujourd'hui nos fleuves et nos mers, et probablement le plus grand nombre des liquides que nous connaissons, se transformerait en montagnes solides, en rochers très-durs, d'abord diaphanes, comme le cristal de roche, mais qui, avec le temps, se mêlant avec des substances de différentes natures, deviendraient des pierres opaques diversement colorées. Une partie des substances aériformes cesserait d'exister dans l'état de fluide invisible, faute d'un degré de chaleur suffisant ; il reviendrait donc à l'état de liquidité, et ce changement produirait de nouveaux liquides, dont nous n'avons aucune idée. »

Voilà le point de vue élevé d'où Lavoisier envisageait la question de l'état des corps. Si les uns sont solides, les autres liquides ou gazeux, cela tient tout simplement au plus ou moins de chaleur qu'une planète reçoit de l'astre central ; si notre globe était plus près ou plus loin du soleil qu'il n'est, les objets dont s'occupe la chimie changeraient d'état, mais non pas de composition.

A l'époque de Lavoisier et en présence d'une

théorie régnante, ces idées nouvelles devaient être discutées avec plus ou moins de passion. C'était tout simple; il était même impossible qu'il en fût autrement, puisque le maître lui-même n'eut pas, selon son propre aveu, « la satisfaction d'être compris. » Mais aujourd'hui que l'expérience a prononcé, nous pouvons en apprécier la valeur avec une parfaite sérénité.

Eh bien, nous le demandons, est-ce que la science aurait pu faire autant de progrès avec les idées de Priestley qu'avec celles de Lavoisier? Non, évidemment. Jamais avec l'idée que les gaz sont des transformations de l'air, jamais avec la théorie du phlogistique, la question de la simplicité ou de la composition des corps, cette question capitale de la chimie, n'aurait pu être abordée d'une manière efficace. On ne serait certainement pas parvenu de si bonne heure à découvrir que l'*air dephlogistiqué* (oxygène) est un corps simple, gazeux, d'une nature particulière, et qu'il en est de même de l'*air inflammable* (hydrogène), de l'*air phlogistiqué* (azote), etc. Jamais peut-être on n'aurait démontré que l'*air fixe* est un composé d'oxygène (air déphlogistiqué) et de charbon pur (carbone), et qu'il affecte l'état aériforme ; que l'*alcali volatil* est un composé d'azote (air phlogistiqué) et d'hydrogène, etc. Jamais enfin la prédiction de Lavoisier que les alcalis, tels que la potasse et la soude, que les terres, telles que la chaux, l'alumine, la magnésie, etc., sont de véritables oxydes métalliques, jamais cette prédiction du génie n'aurait pu être réalisée sous l'empire de la théorie du phlogistique.

Sans doute on revient de nos jours sur la grande question de l'*unité de matière*; elle se complique même de celle de l'*unité de forces*. Mais, avant de l'aborder de nouveau, plus fructueusement qu'autrefois, il fallait auparavant nous reconnaître, dans le labyrinthe des corps qui nous entourent, il fallait avoir assez perfectionné nos moyens d'analyse pour être à même d'affirmer que tel corps est simple dans l'état actuel de nos connaissances. Il y a des termes intermédiaires, par lesquels il faut passer pour que la marche de la science devienne sûrement et régulièrement progressive.

SCHEELE.

Charles-Guillaume Scheele, naquit le 19 décembre 1742 à Stralsund, ville aujourd'hui prussienne, et qui appartenait alors à la Suède. Fils d'un commerçant, il entra, à l'âge de quatorze ans, comme apprenti dans la pharmacie de Bauch à Gothenbourg. Ce fut là que, sans autre guide qu'un médiocre ouvrage de chimie (les *Prælectiones chemicæ* de Neumann, savant disciple de Stahl), il se mit à étudier la science qu'il devait aussi contribuer à fonder. Le temps de son apprentissage fini, il servit comme aide dans des pharmacies à Malmœ et à Stockholm. « C'est au milieu des occupations les plus obscures, dit un chimiste célèbre qui débuta aussi comme apprenti pharmacien, c'est au milieu de ces occupations que s'acheva son éducation dans une science où il était destiné à paraître avec tant d'éclat [1]. » En 1773, Scheele se rendit à Upsal, où il ne tarda pas à se lier d'amitié avec Bergmann et Linnée, qui remplissaient alors l'Europe de leur renommée. Il refusa des offres brillantes, même celles du roi Frédéric II, qui voulait l'attirer à Berlin. Il aima mieux rester dans son pays natal.

Tout à coup Scheele apprend qu'à Kjöping il existe une pharmacie occupée par une veuve, qu'il y trouverait un emploi paisible, que la veuve possède quelque bien, et qu'il pourrait prétendre à l'épouser. C'est l'avenir qu'il ambitionne : retraite, calme et médiocrité. Il se transporte à Kjöping, accepte tous les arrangements, et s'établit chez la veuve. Mais, par une de ces contrariétés si fréquentes de la vie, il se trouve que, tout bien compté, la succession est obérée, et que la veuve est à peu près sans fortune. Ainsi, au lieu d'un sort paisible, c'est une vie de labeur qui l'attend. Il accepte néanmoins la tâche, et, partageant son temps entre ses expériences chimiques et les soins de la pharmacie, il emploie tous les bénéfices de la maison à la libérer de ses dettes. Sur les 600 livres qu'il gagnait chaque année, il en réserve cent pour ses besoins personnels, et consacre le reste aux dépenses de son laboratoire [2]. —

1. M. Dumas, *Leçons de philosophie chimique*, p. 88. (Paris, 1837).

2. M. Dumas, *ibid.*, p. 91.

En 1786 il épousa la veuve qui, neuf ans auparavant, lui avait cédé son établissement, et mourut deux jours après son mariage, n'ayant pas encore atteint l'âge de quarante-quatre ans.

La mort prématurée de Scheele fut une grande perte pour la science [1].

Oxygène. — ANALYSE. — C'est à Kjöping que Scheele fit la plupart de ses travaux. Quand parut son *Traité chimique de l'air et du feu* [2], on connaissait déjà les expériences de Priestley et de Lavoisier sur l'air et les substances aériformes. C'est dans ce livre qu'il faut chercher la part qui revient à Scheele dans la découverte de l'oxygène, qu'il appelait *air de feu*. Pour l'obtenir, il employait, comme Lavoisier et Priestley, le précipité (oxyde) rouge de mercure, soumis à l'action de la chaleur. Il se servait aussi d'un procédé de son invention, en traitant, à chaud, le peroxyde de manganèse par l'acide vitriolique (sulfurique.)

1. Nous rapporterons ici une anecdote qui a été racontée par presque tous les biographes de ce célèbre chimiste. Le roi de Suède, ayant entendu souvent prononcer le nom de Scheele, voulut récompenser un homme aussi éminent; il le fit donc inscrire sur la liste des chevaliers de ses ordres. Mais son ministre, peu au courant des illustrations de la science, adressa le brevet à un gentillâtre du même nom.

2. Il parut d'abord en allemand (*Chemische Abhandlung von Luft und Feuer*) à Upsal et Leipzig, en 1777. Il fut traduit en français par le baron Dietrich, Paris, 1781, in-12, et en anglais par Forster, Lond., 1780, in-8.

Scheele fut un des plus habiles expérimentateurs de son temps. Il excellait surtout dans l'analyse chimique, dont il est incontestablement le principal fondateur. Son mémoire *Sur la composition de l'air*[1] est un modèle de sagacité et de précision. L'auteur y démontre que l'atmosphère est, non pas une combinaison, mais un mélange de deux fluides élastiques bien distincts : « L'un est, dit-il, l'*air vicié* ou *corrompu* (azote), puisqu'il est absolument dangereux et mortel ; l'autre est un *air pur* ou *air de feu*, parce qu'il est tout à fait salutaire, et qu'il entretient la respiration. »

Mais il importait de trouver les proportions de ces deux fluides élastiques qui composent un volume d'air commun. Or, voici le procédé d'analyse imaginé par Scheele. La figure ci-jointe, que nous reproduisons d'après le mémoire original, en fera mieux comprendre la description.

Au fond de la cuvette cylindrique A on voit un support B, où se trouve fixée une tige de verre surmontée d'une petite capsule C, posée sur un petit plateau horizontal. Cette capsule contenait deux parties de limaille de fer et d'une partie de soufre en poudre, humectée d'eau. Ce mélange devait ab-

1. Publié, en latin, sous le titre *Quantum aeris puri in atmosphæra sit*, dans les Mémoires de la Société royale de Stockholm, année 1779.

sorber tout l'*air pur* (oxygène) de l'air commun, atmosphérique, que renfermait l'éprouvette D, renversée sur le petit appareil BC et placée dans la cuvette remplie d'eau. A l'extérieur de l'éprouvette était collée une bande de papier E marquant, par sa longueur, le tiers de la capacité du verre cylindrique; cette bande était elle-même divisée en onze parties égales, de sorte que chaque trait de E indi-

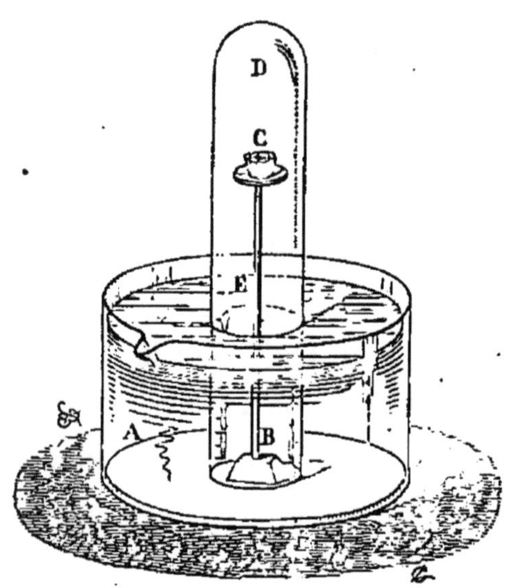

quait le $\frac{1}{33}$ du volume de l'air atmosphérique contenu dans D. A mesure que l'oxygène était absorbé, l'eau montait dans l'éprouvette pour combler le vide. La colonne d'eau, s'élevant ainsi graduellement, mesurait la quantité d'oxygène enlevé à l'air par le mélange humide de soufre et de limaille de fer.

Ces expériences analytiques, faites au moyen de

l'appareil qui vient d'être décrit, furent commencées le 1er janvier 1778, et continuées sans interruption pendant toute l'année jusqu'au 31 décembre. Le résultat fut que l'air renferme une quantité à peu près constante d'oxygène et que cette quantité est de $\frac{9}{33}$, c'est-à-dire environ 25 pour 100. Le reste était de l'air irrespirable.

Scheele démontra aussi, par des expériences ingénieusement variées, que les animaux aquatiques respirent comme les animaux terrestres, qu'ils absorbent l'oxygène dissous dans l'eau et le transforment en acide carbonique. Le grand chimiste se servait d'un moyen très-simple pour déceler la présence de l'oxygène dans l'eau. « Je prends, dit-il, par exemple, une once d'eau ; j'y verse environ quatre gouttes d'une solution de vitriol de mars (sulfate de fer) et deux gouttes d'alcali du tartre (potasse étendue d'un peu d'eau) ; il en résulte aussitôt un précipité d'un vert foncé qui *jaunit quelques minutes après, lorsque l'eau contient de l'air de feu* (oxygène) ; mais, dans l'eau bouillie et refroidie, ou dans l'eau fraîchement distillée, en communication avec l'air libre, le précipité conserve quelque temps sa couleur verte et ne jaunit qu'une heure environ après ; s'il est gardé dans des flacons pleins et sans aucune communication avec l'air, il ne jaunit pas. »

Le fait signalé est parfaitement exact. Il se produit en grand dans la nature, comme l'attestent les dépôts jaunes ocreux des sources, des rivières, etc. Mais aveuglé, comme Priestley, par la théorie du phlogistique, il méconnut la véritable cause de ce phénomène ; disciple d'un faux système, il devait ignorer que le précipité vert, obtenu en traitant le sulfate de fer par la potasse était un oxyde (protoxyde) de fer, très-avide d'oxygène, et qu'en se suroxydant il jaunit (le peroxyde de fer est jaune), enfin qu'on réussit à conserver le précipité vert (protoxyde de fer) intact, en empêchant l'action de l'oxygène de l'air que l'eau dissout et qu'on expulse par la distillation.

C'est encore à Scheele que l'on doit la découverte d'un phénomène, sans la connaissance duquel on n'aurait jamais pu inventer la photographie. Il signala la lumière comme faisant noircir les sels d'argent, et il imagina le premier l'expérience capitale que voici : il imprégna un papier d'un sel (chlorure) d'argent, et, en l'exposant à l'influence des différentes couleurs du spectre solaire, il remarqua avec surprise que ce papier noircissait bien plus promptement au rayon violet que dans les autres rayons.

On a lieu de s'étonner que cet habile expérimentateur, qui se faisait gloire de n'admettre comme certain que ce qui tombe sous les sens, ait eu, durant toute sa vie, l'esprit subjugué par une fiction.

Ses belles recherches sur l'oxygène (air du feu) ne servirent qu'à le confirmer dans l'opinion erronée que le phlogistique est un véritable élément ; que cet élément peut, par son affinité pour certaines matières, être transmis d'un corps à un autre ; qu'en se combinant avec l'oxygène, il constitue le calorique ; que c'est le calorique (prétendue combinaison du phlogistique avec l'oxygène) qui, par suite de la combustion ou de la respiration, adhère à l'air vicié (azote), et le rend plus léger, etc.

Mais, laissons là les théories, et continuons à signaler les découvertes de Scheele.

Découverte de l'acide citrique (acide du citron). Le jus du citron est de l'acide citrique impur. Bien des chimistes avaient essayé de l'obtenir sous la forme de cristaux; ils avaient tous échoué dans leur entreprise. Scheele y réussit le premier. A cet effet, il prescrivit de chauffer le jus de citron dans un carafon en verre sur un bain de sable (bain-marie), et, au moment où la liqueur commence à bouillir legèrement, d'ajouter par petites portions, de la craie pulvérisée, jusqu'à ce qu'il n'y ait plus d'effervescence. « En même temps, vous agiterez, ajoute-t-il, la liqueur constamment avec une spatule de bois. Cela fait, ôtez le matras du bain de sable et mettez-le dans un endroit tranquille : l'acide citrique combiné avec la chaux (citrate de chaux) se déposera sous forme de poudre. Enlevez ensuite, par décantation, l'eau légèrement jaune et recueillez le résidu pour le laver à diverses reprises avec de l'eau chaude jusqu'à ce que l'eau décantée n'offre plus de coloration. Le résidu pulvérulent (citrate de chaux) ainsi lavé, vous le traiterez par l'acide vitriolique (sulfurique), étendu d'eau, puis vous remettrez le mélange dans le matras pour le faire bouillir pendant un quart d'heure. Le vaisseau étant refroidi, vous jeterez la liqueur sur un filtre : l'acide citrique passe, et la chaux, en se combinant avec l'acide sulfurique pour former du gypse (sulfate de chaux), reste sur le filtre. Par l'évaporation et le refroidissement de la liqueur filtrée, vous obtiendrez l'acide du citron sous forme de beaux cristaux, semblables à ceux du sucre candi. »

Si nous sommes entré dans les détails de ce procédé c'est parce qu'il a servi depuis lors, avec de légères modifications, à l'extraction de presque tous les acides végétaux. C'est à l'emploi du procédé de Scheele que nous devons plus d'une découverte.

Découverte de l'acide malique (acide de la pomme). Le succès encourage. Après avoir découvert l'acide citrique, Scheele voulut s'assurer si l'acide des pommes, des baies de sorbier et d'autres fruits aigres était le même que l'acide du citron. Il ne tarda pas à se convaincre que la plupart de ces fruits renferment un acide particulier, mais que cet acide n'est pas précipité par la chaux comme l'acide du citron. Il modifia donc son procédé en remplaçant la craie par le blanc d'Espagne (sel de plomb). Il reconnut que l'acide malique (*acidum malorum*), ainsi obtenu, est incristallisable, et qu'il forme avec les alcalis des sels déliquescents (absorbant l'humidité de l'air). En montrant que le malate de chaux se dissout en grande partie dans l'eau bouillante, tandis que le citrate de la même base y est à peu près insoluble, il indiqua le meilleur moyen pour distinguer immédiatement l'acide des pommes de l'acide du citron, ou les malates des citrates.

Scheele analysa un grand nombre de fruits de tout genre et parvint ainsi à la classification chimique suivante, d'un grand intérêt: 1° Fruits qui renferment beaucoup d'acide citrique et très-peu d'acide malique: merises, baies de la douce-amère et du faux-abrétier (*vaccinium vitis idæa*); 2° fruits qui contiennent beaucoup d'acide malique et très-peu d'acide citrique : épine-vinette, sureau noir, prunelles, sorbes, prunes; 3° fruits qui sont aussi riches en acide citrique qu'en acide malique : groseilles rouges, groseilles à maquereau, airelles (baies du *vaccinium myrtillus*), cerises, fraises, mûres, fambroises.

Acide oxalique (acide de l'oseille). Bergmann découvrit cet acide en traitant le sucre par l'eau-forte (acide nitrique). Mais il ne se doutait guère que ce produit artificiel, cristallin, et qu'il appelait *acide du sucre*, fût le même que l'acide naturel de l'oseille. C'est Scheele qui, le premier, isola l'acide de l'oseille, et le montra identique avec l'acide du sucre. Pour extraire l'acide oxalique du suc de l'oseille il recommande d'employer le blanc de plomb de préférence à la chaux, parce que l'acide sulfurique ne déplace pas tout l'acide oxalique qui a la plus grande affinité pour la chaux. L'oxalate de plomb ainsi obtenu, est ensuite, comme dans le procédé ordinaire, décomposé par l'acide sulfurique : le sulfate de plomb reste sur le filtre, et l'acide oxalique passe dans la liqueur.

Soumis à l'action de la chaleur, l'acide oxalique se dédouble en gaz acide carbonique et en oxyde de carbone. C'est ce que savait déjà Bergmann quand il dit : « Une demi-once de cristaux de l'acide du sucre (acide oxalique) donne à la distillation près de 100 pouces cubes de fluides élastiques, dont moitié est de l'acide aérien (acide carbonique) qu'on sépare aisément par l'eau de chaux, et moitié de l'air qui s'allume et donne une flamme bleue. » Ce dernier air était l'oxyde de carbone. Si l'auteur de cette remarquable expérience eût connu la composition de ces deux gaz, il aurait pu nous dire immédiatement que l'acide oxalique se compose d'air vital (oxygène) et de charbon pur (carbone), composition représentée par un volume d'acide carbonique et un volume d'oxyde de carbone.

Découverte de l'acide lactique (acide du lait). Lorsque le lait s'aigrit, il se partage en deux parties bien distinctes : le caseum, partie solide, et le serum ou petit-lait. Le caseum constitue le fromage. Le serum renferme l'acide lactique, provenant de la décomposition (fermentation) du sucre de lait (lactine). Pour extraire cet acide, Scheele satura le petit-lait par la chaux ; le lactate de chaux, ainsi formé, il le décomposa par l'acide oxalique : l'oxalate de chaux, insoluble, resta sur le filtre, et l'acide lactique, soluble, se trouva, mêlé à du sucre de lait, dans le liquide filtré. Il évapora ce liquide jusqu'à consistance de miel, et le traita par l'alcool qui dissout l'acide lactique et laisse le sucre de lait intact.

Notons en passant que la différence de solubilité de plusieurs substances dans le même liquide est l'un des plus précieux moyens d'analyse, et que c'est Scheele qui l'a, un des premiers, recommandé à l'attention des chimistes.

L'acide du lait, qui se rencontre aussi dans la sueur et dans le chou aigri (choux-croûte), a beaucoup d'analogie avec le vinaigre (acide acétique), sans être cependant un produit identique. C'est ce que savait déjà Scheele.

Découverte de l'acide gallique (acide de la noix de galle). Scheele remarqua le premier que le dépôt cristallin, qui se forme dans les infusions de noix de galle exposées à l'air, possède toutes les propriétés d'un acide, principalement celle de donner des sels en se combinant avec les bases.

Découverte du principe doux des huiles (glycérine). Scheele constata le premier que les huiles et les graisses renferment une matière sucrée, entièrement différente de celle qui se trouve dans les végétaux. Pour l'extraire, il fit bouillir une partie de litharge (oxyde de plomb) avec deux parties d'huile d'olive récente et un peu d'eau. Après que le mélange eut acquis la consistance d'un onguent, il le laissa refroidir et décanta l'eau. Cette eau, évaporée jusqu'à consistance sirupeuse, contenait la matière sucrée en question. Il montra que cette matière, appelée plus tard *glycérine* (*principe doux* des huiles) diffère du sucre : 1° En ce qu'elle ne cristallise point ; 2° en ce qu'elle supporte une chaleur beaucoup plus forte sans se décomposer, et qu'elle passe en partie non altérée dans le récipient ; 3° en ce qu'elle n'est pas susceptible de fermenter.

Tel est l'exposé succinct des découvertes de Scheele dans le domaine de la chimie organique.

Voyons de quelles découvertes il enrichit la chimie minérale.

Terre pesante ou baryte. — On rencontre dans la nature une matière plus ou moins blanche qui a toutes les apparences du spath calcaire, seulement elle est sensiblement plus lourde que ce sel : ce fut pour l'en distinguer que les minéralogistes l'appelaient *spath pesant* (sulfate de baryte.) Mais il ne leur vint pas même à l'esprit de penser que la base du spath pesant pourrait bien être autre chose que de la chaux. Scheele eut le premier l'idée de s'assurer s'il y a quelque différence chimique entre le spath calcaire *léger* et le spath *pesant*. A cet effet, il calcina dans un creuset un mélange pâteux de poussière de charbon, de miel et de spath pesant, et attaqua le produit de la calcination par l'acide muriatique (acide chlorhydrique.) Il obtint ainsi une dissolution qui, traitée par une lessive de potasse, donna un précipité blanc. Ce fut en comparant ce précipité avec les réactifs de la chaux qu'il parvint à s'assurer que la base (*baryte*) du spath pesant ou la terre pesante diffère complétement de la base (*chaux*) du spath calcaire.

Bien que cette découverte ne fût publiée qu'en 1779, elle remonte à 1774. Guyton de Morveau donna à la *terre pesante* de Scheele le nom de *baryte* (du grec *barys*, pesant), qui a été depuis universellement adopté.

Acide molybdique et molybdène. — Le minéral,

appelé par Cronsted *molybdène feuilleté brillant*, avait toujours été confondu avec la plombagine ou mine à crayon. Scheele en fit le premier l'analyse, et le montra composé de soufre et d'une *poudre blanchâtre* à laquelle il reconnut les propriétés d'un acide : ce fut l'*acide molybdique*. Bergmann, présumant que cette poudre était une *chaux métallique*, engagea, en 1782, Hielm à l'étudier. Ce chimiste réussit, en effet, à extraire de l'acide molybdique le *molybdène* (régule de molybdène). Hielm avait obtenu ce métal en formant une pâte avec l'acide molybdique et l'huile de lin, et en chauffant le mélange dans un creuset à un feu très-vif. — *Molybdène* est le nom que les Grecs donnaient aux minerais de plomb et particulièrement à la galène (sulfure de plomb.)

Graphite ou plombagine. — La matière grisnoirâtre, d'un reflet métallique qui forme la base de nos crayons, est un minéral dont l'origine a été longtemps un mystère. Scheele en fit le premier connaître la véritable nature chimique, en démontrant que c'est du charbon mêlé à quelques traces de rouille (oxyde de fer). A peu près vers la même époque, Lavoisier fit voir que le diamant est du charbon pur. Le graphite et le diamant proviennent-ils de la décomposition du bois ou de toute autre matière où la vie a passé? C'est très-probable, mais on n'en a pas la certitude comme pour le lignite, l'anthracite et le charbon de terre.

Le fluor et son acide. — Sous le nom de *spath fluor* les minéralogistes désignaient un minéral sur la composition chimique duquel ils étaient tout-à-fait incertains. Or, en traitant un jour ce minéral par l'acide sulfurique, Scheele vit se dégager des vapeurs acides qui corrodaient fortement le verre de la cornue, le lut, le papier, etc., et qui différaient de tous les autres acides connus. Ces vapeurs corrosives étaient celles d'un acide nouveau, appelé aujourd'hui *acide fluosilicique*. Scheele avait remarqué en même temps que la croûte pierreuse qui se formait dans le vase rempli d'eau, destiné à recueillir cet acide, était de la silice pure, et qu'elle provenait de l'action réunie de l'acide du fluor et de l'eau. D'autres chimistes (Wiegleb et Buchholz) firent bientôt voir que la quantité de cette silice était d'un poids exactement égal à celui dont la cornue avait diminué dans l'expérience, et Meyer démontra que cette silice provenait du verre. Quelques chimistes français, Achard et Monnet, élevèrent des doutes sur l'existence de cet acide qu'on appelait alors *acide fluorique*. Pour détruire leurs objections, Scheele entreprit de nouvelles expériences qui justifièrent complétement sa découverte. Quant à l'élément appelé *fluor* ou *phthor*, on n'est pas encore parvenu à l'isoler, parce qu'il attaque tous les vases dans lesquels on a cherché à le recueillir.

L'arsenic et ses acides. — L'arsenic métal est un produit de laboratoire qui n'a été obtenu que de nos jours. Mais on en connaît depuis longtemps les principaux composés naturels, tel que l'orpiment et la mort aux rats. L'orpiment, qui doit son nom à sa couleur (*auri pigmentum*), est un sulfure d'arsenic; la mort aux rats ou arsenic blanc (l'arsenic métallique est brun foncé) est l'*acide arsénieux*. C'est toujours ce composé que les anciens chimistes désignaient quand ils parlaient de l'arsenic, et encore aujourd'hui, quand il s'agit d'un empoisonnement par l'*arsenic*, il faut entendre par là l'*acide arsénieux*.

Scheele obtint le premier l'*acide arsénique* en évaporant jusqu'à siccité un mélange de deux parties d'arsenic blanc pulvérisé, de sept parties d'acide muriatique et de quatre parties d'acide nitrique. Le résidu de l'évaporation était l'acide arsénique, dont Scheele a décrit presque toutes les propriétés. L'acide *arsenique* contient, — ce qui fut constaté plus tard, — un atome d'oxygène de plus que l'acide *arsénieux*, différence de composition que fait déjà ressortir la différence de noms, conformément aux principes de la nomenclature chimique.

Acide tungstique. — Le minéral blanc qui, à

cause de sa pesanteur, avait reçu des minéralogistes le nom de *tungstène* (pierre pesante), passait pour un minerai d'étain ou de fer, mêlé à une terre inconnue. Scheele reconnut le premier que ce minéral est un composé de chaux et d'une substance blanche, pulvérulente, qu'il appela *acide du tungstène* (acide tungstique). Il en décrivit les principales propriétés chimiques, et indiqua les caractères qui le distinguent de l'acide molybdique, avec lequel l'acide tungstique a beaucoup d'analogie.

Bleu de prusse. Acide prussique. — La découverte du bleu de Prusse, matière tinctoriale dont on fait un si grand usage, remonte à 1710. Un Prussien, nommé Diesbach, marchand de couleurs à Berlin, avait acheté de la potasse chez Dippel, fabricant de produits chimiques, pour précipiter une décoction de cochenille, d'alun et de vitriol vert (sulfate de fer). Diesbach, qui s'attendait à un précipité rouge, fut surpris d'obtenir une poudre d'un très-beau bleu. Il en fit part à Dippel qui se rappela alors que l'alcali (potasse) qu'il venait de vendre avait été calciné avec du sang et avait servi à la préparation de l'huile animale, empyreumatique, connue sous le nom d'*huile de Dippel*. Telle est l'origine de la découverte du bleu de Prusse. La préparation de cette belle matière colorante demeura secrète jusqu'en 1724, époque où Woodward publia le procédé que lui avait fait connaître un de ses amis d'Allemagne.

Brown trouva qu'on peut, dans la préparation de l'alcali, substituer au sang la chair de bœuf et d'autres matières animales ; il constata, en outre, que l'alun ne sert qu'à étendre la couleur, et que la teinte bleue est produite par l'action de l'alcali (calciné avec le sang) sur le fer du vitriol vert.

Afin de mieux expliquer la formation du bleu de Prusse, Geoffroy supposait que le sang ou toute autre matière animale a pour effet de communiquer à l'alcali le phlogistique nécessaire pour revivifier le fer du vitriol vert. C'est pourquoi la potasse calcinée avec le sang s'appelait d'abord *alcali phlogistiqué*.

Guyton de Morveau présenta, en 1772, une nouvelle théorie du bleu de Prusse. D'après cette théorie, l'alcali phlogistiqué contient un acide qui joue le principal rôle dans la formation de cette matière. Suivant Sage, cet acide est l'acide phosphorique. Lavoisier réfuta l'opinion de Sage.

Tel était l'état de la question, lorsque Scheele fit paraître, en 1782 et 1783, deux Mémoires sur le bleu de Prusse, pour démontrer que cette substance tinctoriale renferme un *produit subtil*, qui peut être retiré de l'alcali phlogistiqué par les acides, et que c'est ce produit qui concourt essentiellement à la formation de la couleur bleue. Ce principe colorant, *materia tingens*, c'était l'*acide prussique*, nom qui lui fut, plus tard, donné par Guyton de Morveau.

Scheele conclut de plusieurs expériences que c'était un composé d'ammoniaque et d'huile. Mais la synthèse ne confirmant pas sa théorie, il pensa que ce devait être un composé d'ammoniaque et de charbon. Afin de s'en assurer, il mit dans un creuset un mélange de parties égales de charbon pulvérisé et de potasse, et le maintint pendant un quart d'heure à la chaleur rouge ; ajoutant à ce mélange du sel ammoniac (chlorhydrate d'ammoniaque) par petits fragments, il continuait à le chauffer jusqu'à ce qu'il ne s'en dégageât plus de vapeurs ammoniacales. Enfin il fit dissoudre le résidu de l'opération dans un peu d'eau, et il trouva à la dissolution toutes les propriétés du prussiate alcalin (cyanure de potassium).

En 1787, les expériences de Scheele furent répétées par Berthollet. Cet habile analyste démontra que le bleu de Prusse est un composé d'acide prussique, de potasse et d'oxyde de fer, et que si l'*acide prussique* ne contient pas l'ammoniaque toute formée, il en renferme au moins les éléments, l'*hydrogène* et l'*azote*, combiné avec le *carbone*, dans des proportions qu'il n'avait pas pu déterminer. Nous savons aujourd'hui que ces proportions sont : deux atomes de carbone, un atome d'hydrogène et un atome d'azote, combinés de manière à former

1 équivalent d'acide prussique (acide cyanhydrique), saturant 1 équivalent de base pour former un sel neutre.

D'autres chimistes, après Scheele, découvrirent que les fleurs de pêcher, l'eau de laurier-cerise, les amandes amères, les noyaux de cerise pilés, doivent leur odeur caractéristique à la présence de l'acide prussique. On sait que cet acide est un des poisons les plus violents : fraîchement préparé il détermine la mort presque instantanément.

Vert de Scheele. — La plupart des industriels ne connaissent le grand chimiste suédois que par le nom donné à une substance tinctoriale. Scheele obtint le *vert*, qui porte son nom, en traitant une solution de sulfate de cuivre (vitriol bleu) par une solution d'arséniate de potasse. Il rappelle à cette occasion que l'arsenic blanc (acide arsénieux) qu'on vend dans le commerce, est souvent sophistiqué avec du plâtre, et que le meilleur moyen de s'assurer de cette fraude consiste à en projeter une petite quantité sur une lame de fer rougie au feu : si tout se volatilise, c'est une preuve que l'arsenic n'était point falsifié.

Le chlore, le caméléon minéral, l'acide formique, etc. — Ce que nous appelons aujourd'hui peroxyde de manganèse portait autrefois le nom de *magnésie noire;* c'est une substance minérale, pulvérulente, qui accompagne souvent les oxydes de fer, si répandus dans la nature. Cette substance fut une véritable mine de découvertes. Nous avons déjà dit que Scheele obtint l'oxygène, en chauffant le peroxyde de manganèse avec l'acide sulfurique : c'est le procédé qu'on emploie depuis lors généralement.

Il nous reste à faire connaître d'autres produits obtenus avec le peroxyde de manganèse.

Les fourmis renferment un liquide qui rougit la teinture de tournesol et qui donne à ces insectes leur odeur caractéristique. Ce liquide c'est l'*acide formique.* Scheele fut le premier à l'obtenir chimiquement. A cet effet, il distilla le peroxyde de manganèse avec un mélange d'acide sulfurique et de sucre ou de gomme. Il avait déjà obtenu l'acide oxalique en traitant le sucre par l'acide nitrique. L'acide de la fourmi et l'acide de l'oseille sont les premiers exemples de matières organiques, de matières ayant servi à la vie, que l'homme soit parvenu à préparer artificiellement, par l'intervention de quelques substances minérales.

Scheele découvrit le *caméléon minéral* en chauffant le peroxyde de manganèse avec du nitre pulvérisé. Il constata les phénomènes de coloration que présente la masse verte ainsi obtenue; il les attribuait à l'action de l'air et particulièrement de l'acide carbonique, naturellement contenu dans l'atmosphère.

Il remarqua aussi que la magnésie noire (peroxyde de manganèse naturel) a la propriété de colorer en rouge le verre avec lequel on la fait fondre, et que ce verre rouge redevient incolore, lorsqu'on le chauffe avec du charbon.

La découverte du *chlore* fut un grand événement. Elle fait, comme celle de l'oxygène, époque dans l'histoire de la science. Cette découverte ayant une importance à la fois théorique et pratique, on nous saura gré de nous y arrêter un moment.

Qu'est-ce que la *magnésie noire?* Voilà ce que se demandait Scheele quand il soumit cette matière naturelle à une série de réactions qui l'amenèrent à établir que la magnésie noire n'est pas un corps simple, et qu'elle diffère essentiellement de toutes les terres connues. Ce corps simple, le *manganèse* métal, Scheele ne parvint pas à l'isoler. Mais les efforts qu'il fit (en 1774), dans ce but, lui firent découvrir un autre corps simple, le *chlore*, qu'il ne cherchait point, puisqu'il ne pouvait pas même en soupçonner l'existence.

Parmi les acides que Scheele avait fait réagir sur la magnésie noire (peroxyde de manganèse), se trouvait l'*acide muriatique*, dont la composition, bien connue aujourd'hui (1 volume de chlore et 1 volume d'hydrogène formant 2 volumes de gaz acide muriatique ou chlorhydrique), était alors lettre close.

En présence de l'inconnu, il faut se dépouiller de tout esprit systématique. Cette règle de sagesse, qui nous épargnerait tant d'illusions et d'erreurs, fut ici, comme elle le sera probablement toujours, complétement violée. Moins une opinion est fondée, plus on semble y tenir.

Le nouveau corps simple, que Scheele obtint en traitant le peroxyde de manganèse par l'acide muriatique, était pour lui, comme pour tous les chimistes d'alors, l'*acide muriatique déphlogistiqué ;* ainsi le voulait la théorie régnante. N'est-ce pas toujours l'erreur qui se met à la place de la vérité? — Mais nous verrons comment la vérité finira par triompher; c'est un spectacle qui en vaut bien d'autres.

En attendant, restons dans le laboratoire du chimiste suédois pour assister à la préparation de l'*acide muriatique déphlogistiqué.* « Je versai, dit Scheele, une once d'acide muriatique sur une demi-once de magnésie noire en poudre. Au bout d'une heure, je vis ce mélange à froid se colorer en jaune ; en le chauffant, il se développa une forte odeur d'eau régale. Afin de me bien rendre compte de ce phénomène, j'employai le procédé suivant : j'attachai une vessie vide à l'extrémité du col de la cornue qui contenait le mélange de magnésie noire et d'acide muriatique. A mesure que la liqueur continuait à faire effervescence, la vessie se gonflait;

l'effervescence s'étant arrêtée, j'ôtai la vessie. Celle-ci était teinte en *jaune par le corps aériforme qu'elle renfermait.* Ce corps élastique n'est pas de l'air fixe (gaz acide carbonique); son odeur, forte et pénétrante, affecte singulièrement les narines et les poumons. En vérité, on le prendrait pour la *vapeur d'eau régale chauffée.* Quiconque voudra connaître la vertu de ce corps, devra l'étudier à l'état de fluide élastique. »

Pour le recueillir, Scheele conseillait de se servir, au lieu de vessies, de bouteilles pleines d'eau, renversées sur des cuvettes remplies du même liquide. Non content de l'avoir isolé et recueilli, il en fit aussi connaître presque toutes les propriétés. L'*acide muriatique dephlogistiqué* (chlore) corrode, ajoute-t-il, les bouchons des bouteilles et les teint en jaune; il attaque de même le papier. Il blanchit le papier bleu de tournesol et détruit les couleurs rouge, bleue, jaune des fleurs et même la couleur verte des feuilles. Pendant cette action, il se convertit, par le concours de l'eau, en acide muriatique. Il épaissit les huiles; chauffé avec du cinabre, il donne du sublimé corrosif (perchlorure de mercure). Il attaque tous les métaux et les dissout pour la plupart; sa dissolution d'or donne, avec l'ammoniaque, un précipité fulminant. Combiné avec l'alcali fixe minéral (soude), il forme le sel commun ou sel de cuisine, qui décrépite sur les charbons ardents.

Enfin, il est irrespirable, tue les petits animaux et éteint immédiatement la flamme.

Telle est l'histoire chimique du corps simple, découvert par Scheele, en 1774. Les propriétés indiquées s'appliquent exactement au chlore. Pourquoi cette exactitude fit-elle défaut dès qu'il s'agissait de connaître la constitution élémentaire de l'*acide muriatique déphlogistiqué ?* Parce que, pour résoudre une question de ce genre, il faut plus que le concours des sens; il faut celui de l'intelligence, libre de toute entrave. C'est ainsi qu'au moyen du raisonnement, appuyé sur l'expérience sainement interprétée, un seul homme peut arriver à accomplir ce qui n'est ordinairement que l'œuvre de plusieurs générations.

Davy nous dévoilera le mystère de l'*acide muriatique oxygéné* de Lavoisier, ou de l'*acide muriatique déphlogistiqué* de Scheele.

DAVY.

Humphry Davy naquit le 17 décembre 1778, à Penzance, petite ville du comté de Cornouailles (Angleterre). A l'âge de neuf ans, il vint habiter avec ses parents Varfell, dans un site pittoresque au bord de la mer. Ce séjour ne contribua pas peu à développer en lui le goût de la poésie qu'il cultiva toute sa vie avec une prédilection marquée. Les essais que cite de lui son frère et son biographe, John Davy, ne manquent pas de verve. A seize ans, il perdit son père, sculpteur en bois, et sa mère resta avec cinq enfants sur les bras. Pour suffire à cette charge, elle ouvrit d'abord une boutique de mercerie, puis un hôtel garni pour les voyageurs qui venaient visiter les rives de la Boye, renommées pour la douceur du climat et ses beautés agrestes. Quelques mois après la mort de son père, le jeune Humphry fut mis en apprentissage chez Bingham Borlase, maître en chirurgie et pharmacien de Penzance. C'est à cette époque (février 1795) que commence le Journal où il consignait les principaux actes de sa vie.

Une circonstance, en apparence fortuite, fit naître en lui l'amour de la science qu'il devait illustrer. Grégoire Watt, fils de l'immortel inventeur de la machine à vapeur, avait été envoyé par son médecin à Penzance pour une affection de poitrine. Il vint loger chez Mme Davy. Le jeune apothicaire, pour se lier avec ce personnage, se procura une traduction anglaise des *Éléments de chimie* de Lavoisier. En deux jours il avait lu et compris ce livre ; et, ignorant encore les objections qu'on avait faites contre les doctrines de Lavoisier, il annonça qu'il comprenait autrement la théorie des phénomènes chimiques, et ne songea dès lors à rien moins qu'à un nouveau plan d'études, embrassant presque toutes les connaissances humaines. A la suite des entretiens et discussions qu'il eut avec G. Watt, il se consacra presque exclusivement à l'étude de la chimie. « Un bon physicien doit, disait Franklin, savoir percer avec une scie. » Le jeune Davy construisit ses premiers appareils avec quelques tubes de verre achetés à un marchand de baromètres ambulant ; il les compléta avec de vieux tuyaux de pipe et avec une seringue dont l'avait gratifié le chirurgien d'un navire français, échoué près de Land's End. Sa chambre à coucher était tranformée en laboratoire, et les fourneaux de la cuisine servaient à ses expériences pour préparer les gaz [1].

Ses premières recherches expérimentales eurent pour objet la détermination de l'espèce d'air dont sont remplies les vésicules de certaines algues, telles que le *fucus siliquosus;* et il parvint à démontrer que les plantes marines agissent sur l'air comme les plantes terrestres, c'est-à-dire en décomposant, sous l'influence de la lumière, l'acide carbonique pour s'emparer de l'oxygène nécessaire à leur respiration. Davy adressa son travail intitulé : *Essais sur la chaleur et la lumière*, au docteur Beddoes, qui le publia, en 1798, dans son recueil périodique (*Contributions to physical and medical knowledge*). Le docteur Beddoes, ancien professeur de chimie à l'Université d'Oxford, entretenait un commerce épistolaire avec les principaux chimistes de son temps, notamment avec Lavoisier. Il venait de fonder à Clifton, près de Bristol, un établissement qui, sous le nom d'*Institution pneumatique* avait pour but d'appliquer les gaz, — étude alors à la mode, — au traitement des maladies pulmonaires, si communes en Angleterre. Il résolut de s'attacher le jeune chimiste, et chargea son ami Davies-Gilbert (qui succéda plus tard à H. Davy

1. Voy. John Davy, *Memoirs of the life of sir Humphry Davy;* Lond. 1839; et notre article H. *Davy,* dans le t. XIII de la *Biographie générale.*

dans la présidence de la Société royale de Londres) de négocier auprès de l'apothicaire de Penzance la résiliation du contrat d'apprentissage. Par bonheur, l'apothicaire ne demandait pas mieux que de se défaire d'un apprenti qui passait à ses yeux pour un « bien pauvre sujet. »

Davy fut donc attaché, en 1799, à l'Institution pneumatique du docteur Beddoes à Clifton, et il ne tarda pas à fixer sur lui l'attention du monde savant. Son contrat avec le docteur Beddoes lui imposait l'obligation de s'occuper plus particulièrement des gaz en rapport avec l'économie animale.

L'*oxyde nitreux* ou *protoxyde d'azote*, que Priestley avait confondu avec l'oxygène [1], fut l'un des premiers gaz qu'il soumit à ses expériences. Son choix s'était porté sur ce gaz parce que le docteur Mitchell avait fondé là-dessus toute une théorie, prétendant que l'oxyde nitreux était le principe immédiat de la contagion, et qu'il produirait les plus terribles effets, si on le respirait même en quantités minimes, ou si on l'appliquait seulement sur la peau ou sur les fibres musculaires. C'était pour vérifier cette théorie de la contagion que Davy avait choisi le gaz oxyde nitreux. L'autorité d'un praticien aussi célèbre que le docteur Mitchell eut de quoi faire reculer d'épouvante l'expérimentateur le plus audacieux.

1. Voy. page 146.

Les premières expériences furent faites avec du gaz impur ou mêlé d'air; elles ne donnèrent pas de résultats sensibles. Enfin Davy résolut, le 12 avril 1799, de respirer le protoxyde d'azote pur. Nous marquons cette date, parce que ce chimiste, plein d'avenir, s'exposait à une mort certaine pour peu que la théorie signalée fût vraie. Cependant il ne songea pas même à faire valoir son courage. « L'hypothèse du docteur Mitchell ne me troublait, dit-il, aucunement : je m'attendais à des effets pénibles, mais j'avais lieu de croire que l'inspiration d'un gaz, qui en apparence n'a aucune action immédiate sur la fibre musculaire, puisse détruire ou du moins gravement endommager le pouvoir de la vie. » — Le gaz passa dans les bronches sans irriter la glotte, et il ne produisit aucun sentiment de malaise dans les poumons.

Cette première expérience, faite par une seule inspiration, le porta à en tenter d'autres. Le 16 avril suivant, il respira le même gaz pendant une demi-minute : il éprouva un peu de vertige, bientôt suivi d'un sentiment de plaisir. Le lendemain il recommença l'expérience. Il respira pendant plus longtemps le gaz par la bouche, en tenant les narines fermées et après avoir expiré l'air des poumons. « Au bout de trente secondes, j'éprouvai, dit-il, comme une douce compression de tous les muscles, accompagnée d'une sensation extrêmement agréable, particulièrement dans la poitrine et dans les membres. Tous les objets paraissaient osciller autour de moi, et l'ouïe devint plus fine. Dans les dernières inspirations, ces sensations augmentèrent et finirent par se changer en une irrésistible tendance au mouvement. Je ne me rappelle que vaguement ce qui se passa ensuite; mes mouvements devaient être variés et violents. » — Cette expérience, qui dura plus d'une minute, est remarquable en ce qu'elle détermina une espèce de danse de saint Guy.

Davy continua ainsi, pendant plusieurs mois, à expérimenter sur lui-même l'action du protoxyde d'azote, qui reçut depuis lors le nom de *gaz hilarant*. Il varia ses expériences et finit par respirer ce gaz en s'enfermant dans une sorte de boîte, imperméable à l'air. Cette dernière expérience se fit en présence du docteur Kinglake, le 26 décembre 1799. Après avoir rappelé les sensations précédemment éprouvées, il ajoute : « Bientôt je perdis tout rapport avec le monde extérieur; des traces de visibles images passaient devant mon esprit comme des éclairs, et se liaient avec des mots de manière à produire des perceptions entièrement nouvelles. Je créais des théories et je m'imaginais que je faisais des découvertes. Quand M. Kinglake m'eût fait sortir de cette espèce de demi-délire, l'indignation et l'orgueil furent les premiers sentiments que j'éprouvais à la vue des personnes qui m'entouraient.

Mes émotions étaient celles d'un enthousiaste sublime : pendant une minute je me promenais dans la chambre, parfaitement indifférent à tout ce qu'on me disait. Ayant recouvré mon état normal, je me sentis entraîné à communiquer les découvertes que j'avais faites pendant mon expérience. Je fis des efforts pour rappeler mes idées : elles étaient faibles et indistinctes; elles éclatèrent tout à coup par cette exclamation, prononcée avec le ton d'un inspiré qui a une foi absolue en ses paroles : *Rien n'existe que la pensée; l'univers se compose d'impressions, d'idées, de plaisirs et de peines.*[1] »

Les expériences de Davy eurent un immense retentissement. On s'en exagéra d'abord la portée : les plus enthousiastes voyaient déjà dans l'emploi du *gaz hilarant* un moyen de varier les jouissances uniformes de la vie. Le nom de Davy devint bientôt populaire sur le continent : chacun voulait respirer le gaz auquel on attribuait le singulier pouvoir de mettre les uns dans une extase délicieuse et d'asphyxier les autres au milieu d'un rire inextinguible.

Davy ne s'en tint pas à ses expériences sur le protoxyde d'azote; il essaya encore d'autres gaz sur lui-même. La respiration de l'*hydrogène* ne pro-

1. *Researches relating to the effects produced by the respiration of nitrous oxide upon different individuals*, t. III des *Collected Works of H. Davy*, p. 269 et suiv.

duisit dans le premier moment aucun effet sensible; mais au bout d'une demi-minute, il eut de la difficulté à respirer. L'oppression augmenta au point de le forcer à cesser l'expérience. Il n'avait éprouvé aucun vertige; le pouls était faible et accéléré; les joues étaient devenues pourpres. — La respiration de l'*azote*, mêlé d'un peu d'acide carbonique, détermina à peu près les mêmes symptômes.

Voici l'effet que produisit sur lui le *gaz d'éclairage* (hydrogène bicarboné). La première inspiration rendit la poitrine presque insensible, les muscles pectoraux paraissant en quelque sorte paralysés. Après la seconde inspiration, il perdit la faculté de percevoir les objets du monde extérieur, avec un vif sentiment d'oppression. Pendant la troisième inspiration, ce sentiment fut suivi d'une prostration qui lui laissait à peine la force nécessaire pour ôter de la bouche le tuyau par lequel il faisait ses inspirations. Il reprit peu après ses sens, et, comme s'il venait de sortir d'un rêve, il dit d'une voix affaiblie : « Je ne pense pas mourir. »

Un mélange de trois parties d'*acide carbonique* et d'une partie d'air produisit un peu de vertige et de la somnolence : l'expérience dura près d'une minute. — L'*oxygène* avait été respiré pendant six minutes ; l'expérimentateur n'en ressentit d'autre effet qu'un peu d'oppression.

Davy dut probablement à son zèle pour la

science cet état valétudinaire dans lequel il languissait jusqu'à la fin de sa vie.

Le comte de Rumford venait de créer à Londres l'*Institution royale*. D'une humeur peu accommodante, il s'était brouillé avec son professeur de chimie, le docteur Garnett, et songeait à lui donner un successeur. Davy fut proposé et accepté. Son air juvénile et ses manières un peu provinciales lui valurent d'abord un accueil peu favorable. Mais, dès sa première leçon (le 25 avril 1801) il sut par la chaleur, par la vivacité et la clarté de sa parole, charmer ceux qui étaient venus l'entendre dans la petite chambre qu'on lui avait assignée pour ses cours. Aux leçons suivantes il fallut élargir le local pour contenir un auditoire nombreux et de plus en plus enthousiasmé; et bientôt le jeune professeur devint l'homme à la mode dans la capitale de la Grande-Bretagne.

Tant de succès, obtenus à un âge où d'autres commencent leur carrière, donnèrent la mesure de sa valeur. En 1803, Davy devint membre de la Société royale de Londres; trois ans après il en remplit les fonctions de secrétaire, et à la mort de Joseph Bancks, en 1820, il fut nommé président de cette savante compagnie. Il conserva ce poste jusqu'à sa mort. En 1812 il fut créé baronet, et en 1817 il fut élu associé de l'Institut de France, qui deux ans auparavant l'avait couronné, au moment où la guerre avec l'Angleterre était dans toute sa violence.

Pour ne pas interrompre notre récit biographique, nous ferons connaître plus loin les travaux qui valurent à leur auteur ces distinctions ou marques d'intérêt.

Depuis longtemps Davy désirait visiter le continent. Ce désir fut réalisé vers le milieu d'octobre 1813, où il s'embarqua à Plymouth, en compagnie de sa femme et de M. Faraday, son préparateur et secrétaire. « Nous allons faire, écrivit-il à sa mère, un voyage scientifique qui, je l'espère, nous sera agréable à nous et utile au monde. Nous traverserons rapidement la France pour nous rendre en Italie ; de là nous passerons en Sicile ; et nous reviendrons par l'Allemagne. Nous avons l'assurance des gouvernements de ces pays qu'on nous accordera partout aide et protection. Nous resterons probablement un ou deux ans absents. »

Davy séjourna six mois à Paris. Il en profita pour faire le portrait des savants avec lesquels il se mit en rapport. Ces croquis biographiques, qui n'étaient pas destinés à voir le jour, furent publiés, en 1839, par John Davy, qui les avait trouvés dans les papiers de son frère[1]. Nous allons repro-

1. *Memoirs of the life of sir Humphry Davy,* edited by his brother, John Davy, t. I, p. 165 et suiv.

duire ici quelques-uns de ces croquis, pour montrer comment l'illustre savant jugeait les chimistes, ses pairs.

« *Guyton de Morveau* était très-vieux quand je fis sa connaissance. Bien qu'il eût été un violent républicain, il était directeur de la Monnaie sous Bonaparte et baron de l'empire. Ses manières étaient douces et conciliantes. Une preuve de son caractère, c'est qu'ayant promis son vote à quelqu'un pour la place de correspondant de l'Institut, il tint sa promesse, et c'est cette seule voix qui m'avait manqué pour réunir l'unanimité des suffrages. Ne m'étant jamais mêlé d'intrigues de ce genre, j'aurais toujours ignoré ce détail, s'il ne m'avait pas été raconté par lui-même un jour que je dînais chez lui. »

Promettre et tenir, c'est un bel exemple à suivre. Les académiciens, pas plus que les autres mortels, ne devraient jamais l'oublier. Mais continuons les esquisses de Davy.

« *Berthollet* était un homme très-aimable. Ami de Napoléon, il était bon, conciliant, modeste et franc. Son caractère n'avait rien de hautain; inférieur à Laplace comme puissance intellectuelle, il lui était supérieur pour les qualités morales. Berthollet n'avait aucune apparence d'un homme de génie;

mais on ne pouvait pas regarder la physionomie de Laplace sans se persuader que c'était un homme réellement extraordinaire.

« *Chaptal* fut quelque temps ministre de l'intérieur sous le Consulat. Courtisan et chimiste, il était actif, amusant, intrigant. D'un naturel bon, il avait une conversation vive et enjouée. Plus homme du monde qu'aucun autre savant de France, il passe pour l'auteur du décret de Napoléon contre le commerce d'Angleterre (le blocus continental). S'il en est ainsi, il aura contribué, plus que tout autre, hormis son maître, à la gloire militaire de la Grande-Bretagne.

« *Vauquelin* était au déclin de sa vie quand je le vis pour la première fois en 1813; c'était un homme qui me donna l'idée des chimistes français d'un autre âge. Il vivait au Jardin du Roi. On ne saurait imaginer rien de plus singulier que sa vie et son intérieur. Deux vieilles filles, mesdemoiselles Fourcroy, sœurs du professeur de ce nom, tenaient sa maison. Je me rappelle qu'en y entrant pour la première fois, je fus introduit dans une sorte de chambre à coucher, qui servait en même temps de salon. L'une de ces demoiselles était au lit et occupée à nettoyer des truffes pour le déjeuner. Vauquelin tenait absolument à me régaler, malgré mes efforts pour décliner son invitation. Rien de plus extraordinaire que la simplicité de sa conversation. Il n'avait pas le moindre sentiment des convenances : il parlait de choses qui, depuis le temps du paradis terrestre, n'avaient jamais fait, entre hommes, l'objet d'une conversation devant des personnes de l'autre sexe.

« *Gay-Lussac* avait l'esprit vif, ingénieux et profond ; il unissait une grande activité à une grande facilité de manipulation. Je le placerais volontiers à la tête des chimistes vivants de France (*I should place him at the head of the living chemists of France*). » — Gay-Lussac avait alors, à onze jours près, le même âge que H. Davy ; ils étaient nés tous deux en décembre 1778.

Vers la fin de décembre 1813, Davy quitta Paris pour continuer son voyage. Passant par Fontainebleau, il visita le palais où quelques mois plus tard l'empereur Napoléon Ier devait abdiquer. Il admira la beauté de la forêt sur laquelle s'étendait le linceul de l'hiver. L'aspect de ces chênes séculaires, couverts de glaçons étincelants, lui inspira un morceau de poésie, dont voici quelques fragments :

« ....La nature repose dans le silence du sommeil ; les arbres ne se parent d'aucune verdure ; aucune forme de la vie ne se déploie ; — un feuillage magique les revêt; — le pur cristal de la glace transparente reflète au soleil les teintes de l'arc-en-ciel.... Voici des blocs de pierre, des rochers massifs; vous les diriez entassés par la main de l'homme, attristantes ruines de quelque grand paladin, l'orgueil d'anciens jours.... Plus loin est le palais d'une race de rois puissants; il est à d'autres tenants.... L'aigle d'or y brille.... Tel est le sort capricieux des choses humaines : un empire s'élève, comme un nuage à l'horizon; rouge au soleil levant, il répand ses teintes matinales sur une atmosphère électrique; soudain ses teintes s'assombrissent, un orage approche, la foudre éclate, le tonnerre gronde; mais bientôt la tempête se dissipe et tout rentre dans le calme[1]. »

Ces lignes portent la date du 29 décembre 1813. Davy continua sa route par l'Auvergne, dont il visita les volcans éteints. La vue du Mont-Blanc des hauteurs de Lyon, les bords du Rhône, la Méditerranée à Montpellier, le Canigou, la fontaine de Vaucluse, Carrara, etc., inspirèrent successivement la muse du poëte chimiste. Il entra en Italie par Nice et le col de Tende ; il passa par Turin et s'arrêta plusieurs jours à Gênes où il fit quelques recherches sur la torpille. Il ne croyait pas que l'organe électrique de ce poisson fût tout à fait analogue à la pile de Volta.

De Gênes Davy se rendit à Florence et de là à Rome, où il fut en avril 1814. Après avoir séjourné quelque temps à Naples et à Rome, il revint par la

1. *Memoirs of the life*, etc., p. 169.

Lombardie et la Suisse. A Milan il vit Volta. « C'était, raconte-t-il, un homme déjà avancé en âge, et d'une mauvaise santé. Sa conversation n'était pas brillante; ses vues étaient assez restreintes, mais marquant beaucoup d'ingénuité. Ses manières étaient d'une simplicité parfaite. Il n'avait pas l'air d'un courtisan, ni même celui d'un homme qui a vécu dans le monde. En général, les savants italiens sont sans affectation dans leurs manières, bien qu'ils manquent de grâce et de dignité. »

Davy franchit les Alpes par le Simplon, et arriva à Genève vers la fin de juin. Habitant une jolie maison de campagne aux bords du lac, il s'y livra, pendant trois mois, à la pêche à la ligne, pour laquelle il eut toute sa vie une véritable passion. A la fin de septembre, il revint par le Tyrol en Italie, pour y passer l'hiver, et au printemps de 1815 il était de retour à Londres. Il y continua ses travaux qu'il n'avait pas même interrompus pendant son voyage.

Ce fut peu de temps après son retour en Angleterre que Davy inventa *la lampe des mineurs*, qui porte son nom. Les anciens savaient déjà que les mines ou galeries souterraines sont quelquefois remplies de gaz *détonnants*[1], tels que l'hydrogène carboné

1. Le dictionnaire de l'Académie écrit *détoner, détonant, détonation.* C'est une erreur manifeste, dans le sens qu'y attache ce dictionnaire ; car *détoner* signifie baisser de *ton :* d'où les mots

ou l'hydrogène, mêlé d'une petite quantité d'air, susceptibles de déterminer l'asphyxie et des explosions terribles au contact d'une flamme. Une de ces explosions eut lieu, en 1812, dans la mine de Felling, en Angleterre : en un instant plus de cent ouvriers périrent, affreusement mutilés. Un comité de propriétaires de houillères s'organisa, et fit un appel à la science de Davy pour prévenir le retour de pareils désastres. Le problème paraissait bien difficile à résoudre : *empêcher des gaz inflammables de faire explosion au contact du feu*, c'était demander presque l'impossible.

Davy cependant ne désespéra point. Il se mit d'abord à étudier les gaz explosibles ou inflammables, détermina les proportions dans lesquelles leurs mélanges détonnent, et observa le premier que la flamme ne se propage pas dans les tubes de petite dimension, ni à travers les mailles étroites d'un réseau métallique. Ce fut là pour lui un trait de lumière. Après quelques tâtonnements, il parvint à construire un appareil fort simple, composé d'une gaze ou toile métallique, entourant une lampe ordinaire : l'air détonnant ne peut qu'éteindre la

intonation et *détonation* (abaissement de ton) ; tandis que *détonner*, faire explosion, vient évidemment de *tonner*; il faut donc écrire ici *détonnation*, *détonnant*, etc. Nous tenions à signaler cette erreur, parce qu'elle a été introduite dans tous les ouvrages récents, et que les correcteurs s'obstinent encore à la répandre.

flamme, sans produire aucune explosion, et même alors un fil de platine, roulé en spirale au-dessus de la mèche éteinte, suffira par son incandescence à éclairer les mineurs, tant qu'ils pourront se maintenir dans un air aussi peu respirable. Telle est *la lampe de Davy*, qui depuis son invention a conservé la vie à des milliers d'ouvriers. Ses amis l'engagèrent à prendre un brevet. « Vous pourriez, lui disait l'un d'eux, gagner ainsi, 5 à 10 000 livres sterling par an. — Non, mon ami, répliqua le noble inventeur ; ma pensée ne fut jamais de ce côté-là : ma seule ambition est de servir l'humanité. Et si l'on croit que j'y ai réussi, je me trouverai amplement récompensé par la conscience d'avoir fait du bien à mes semblables. »

Dans une autre occasion il montra la même générosité. L'Angleterre dépensait annuellement des sommes considérables pour la réparation de ses vaisseaux, dont les doublages en cuivre étaient rongés par l'eau de mer. Davy fut invité à y porter remède. L'éminent chimiste, qui voyait dans ce phénomène une action électro-chimique, imagina de neutraliser l'état électrique du cuivre par de petits clous de fer, dont un seul devait préserver de la décomposition au moins un pied carré de cuivre. Des navires, préparés d'après cette méthode, allèrent en Amérique et en revinrent sans que leur doublage fût oxydé.

Dès ce moment on croyait tout possible au génie de cet homme extraordinaire, et, pour employer une expression de Cuvier, « on lui commandait une découverte comme à d'autres une fourniture. »

Le prince régent, devenu roi sous le nom de Georges IV, s'intéressait aux fouilles d'Herculanum et de Pompeï, deux cités romaines ensevelies, en l'an 69 de notre ère, par les cendres d'une éruption du Vésuve. On en avait retiré, entre autres, des rouleaux de manuscrits ; un livre de Cicéron, le *De republica*, que l'on croyait depuis longtemps irréparablement perdu, nous a été ainsi conservé. Mais ces manuscrits, tout en conservant l'intégrité de leurs caractères, étaient complétement carbonisés. Il s'agissait de les dérouler sans les détruire, sans rendre l'écriture illisible. Le souverain de la Grande-Bretagne chargea Davy de résoudre ce difficile problème. Ce fut pour l'illustre chimiste l'occasion de revoir l'Italie.

Davy quitta une seconde fois l'Angleterre le 26 mai 1818. Son itinéraire le conduisit à travers l'Allemagne. Le 13 juin il était à Vienne, et, quatre mois après, à Rome. De là il se rendit à Naples, et il commença immédiatement ses opérations sur les manuscrits d'Herculanum. La chimie donnait l'espoir de faciliter ce travail ; mais l'effet d'une carbonisation profonde rendit inapplicable tout procédé de ramollissement. Davy dut se borner à l'indication de quelques moyens propres à mieux détacher les parties adhérentes et à étendre les rouleaux moins imparfaitement qu'on ne l'avait fait jusqu'alors. Il profita de ce voyage pour étudier la nature des couleurs dont se servaient les peintres de l'antiquité : quelques écailles détachées des murs de Pompeï et d'Herculanum lui suffirent pour démontrer, à l'aide de l'analyse, que ces couleurs, à peu près aussi variées que les nôtres, sont pour la plupart empruntées au règne minéral et d'une préparation parfaite. Le voisinage du Vésuve devint pour lui l'occasion de vues nouvelles sur la formation des volcans et sur l'état primitif du globe. Il y rattacha en même temps des idées d'un ordre plus élevé.

Ces idées se trouvent consignées dans un ouvrage extrêmement remarquable, qui a pour titre *Consolations in travel, or the last days of a philosopher* (Consolations en voyage, ou les derniers jours d'un philosophe). Il est divisé en sept dialogues, dont le principal personnage est *l'Inconnu* qui apparut à Davy, pendant une promenade nocturne dans les ruines du Colysée à Rome. Voici, entre autres, les paroles qu'il met dans la bouche de cet Inconnu pour combattre le matérialisme qui, à toutes les époques, a reproduit les mêmes arguments. « .... Sans doute, dit-il, la fonction de la vue ne peut pas se passer de l'œil, de même que la pensée a besoin du cerveau. Mais le nerf optique et le cerveau ne sont que les instruments matériels d'un pouvoir ou d'une force qui n'a rien de commun avec eux. Cela s'applique aussi à tous les autres organes. Si vous arrêtez le mouvement du cœur, vous ferez cesser la vie; mais le principe moteur n'est ni dans le cœur, ni dans le sang artériél que ce muscle envoie à toutes les parties du corps. Un sauvage qui voit la roue d'une machine à vapeur s'arrêter tout à coup, peut très-bien s'imaginer que le principe du mouvement est dans la roue qu'il a sous les yeux ; il lui sera même impossible de deviner que ce mouvement dépend d'abord de l'action de la vapeur, puis du feu entretenu sous une chaudière d'eau. Le philosophe, qui en sait plus que le sauvage, ne s'y trompera pas : il prendra immédiatement le feu pour la cause du mouvement de la machine à vapeur. Mais l'un et l'autre sont également ignorants en ce qui concerne le *feu divin* qui fait mouvoir le mécanisme de notre corps... Le développement de l'intelligence consiste dans une succession de changements ou de mouvements, dont nous ne retenons que ce qui nous est utile ou nécessaire. L'enfant a oublié ce qu'il faisait au sein de la mère; bientôt il ne se rappellera plus rien de ce qu'il faisait dans les deux premières années qui suivirent sa naissance. Nous ne sentons qu'à l'aide d'organes matériels, et nos sensations se modifient avec nos organes. Dans la vieillesse, les sensations émoussées font tomber l'âme dans une sorte de sommeil, d'où elle se réveillera pour une nouvelle vie. Dans notre état actuel, l'intelligence est naturellement limitée et imparfaite; mais cette imperfection dépend de son mécanisme matériel : nous devons convenir qu'avec une organisation plus parfaite, l'intelligence jouirait d'un pouvoir beaucoup plus étendu. Si l'homme, tel qu'il est actuellement organisé, était immortel, ce serait l'éternité attachée à une machine : la plus grande partie de ses connaissances ou de ses souvenirs se perdraient successivement, de sorte qu'il serait, relativement à ce qui est arrivé il y a mille ans, exactement comme l'enfant qui perd le souvenir des événements de la première année de sa vie.

« On essayera vainement d'expliquer de quelle manière le corps est uni au sentiment et à la pensée. Les nerfs et le cerveau y interviennent sans doute, mais dans quel rapport? voilà ce qu'il est impossible de dire. A juger par la rapidité et la variété infinie des phénomènes de la perception, il paraît extrêmement probable qu'il y a dans le cerveau et dans les nerfs une substance infiniment plus subtile que tout ce que l'observation et l'expérience y font découvrir, et que l'union immédiate du corps avec le sentiment et la pensée a lieu par l'intermédiaire de certains fluides éthérés, insaisissables par nos sens, et qui sont peut-être à la chaleur, à lumière, à l'électricité, ce que celles-ci sont aux gaz.... Je n'ai aucune prétention d'établir à cet égard une croyance certaine, et je suis loin d'admettre l'hypethèse de Newton qui place la cause immédiate de nos sensations dans les oscillations d'un milieu éthéré. Cependant il ne me paraît pas improbable que quelque chose du mécanisme si raffiné de la faculté pensante; quelque chose d'indestructible, n'adhère, dans un autre état, à la faculté sensitive, après la destruction de nos organes matériels, après la cessation de la vie du corps. »

C'est ainsi que Davy abordait les plus grands problèmes de la philosophie. On voit par les paroles que nous venons de citer que ce grand génie était loin d'incliner vers ce système qui, depuis Héraclite et Lucrèce jusqu'à Hegel et Auguste Comte, n'a guère varié ses arguments. En ne concevant rien au delà de l'humanité, l'école matérialiste s'accorde parfaitement avec la Bible qui enseigne que le ciel, avec tous les astres, n'a été créé que pour l'usage de l'homme, et que la fin de la terre est la fin de tout. Quelle myopie!

La santé de Davy déclinait visiblement. Un séjour prolongé à Florence et à Rome n'eurent point sur lui l'heureuse influence qu'en attendaient ses amis. Ce fut pendant ses pérégrinations de valétudinaire qu'il composa *Les derniers jours d'un philosophe*, que Cuvier appelle avec raison « l'ouvrage de Platon mourant. » A peine arrivé à Genève, Davy expira à cinquante et un ans, dans la nuit du 29 au 30 mai 1829, entre les bras de son frère John, accouru pour le soigner dans ses derniers moments. Son tombeau se voit, dans le cimetière de la ville, à côté de celui de Pictet. Pour honorer la mémoire de son mari, Mme Davy (veuve Apreace), fonda à l'Académie de Genève un prix qui est décerné tous les dix ans à l'expérience chimique la plus neuve et la plus féconde en résultats.

A la terre la dépouille mortelle; à nous, aux générations à venir, la pensée qui vivifie. Lavoisier avait légué à la postérité deux idées qui semblaient devoir dominer toute la science : l'une, grande et simple, déjà entrevue dans l'antiquité; l'autre, belle et séduisante, entièrement neuve. La première était vraie : elle donnait à entendre que beaucoup de corps, jusqu'alors réputés simples, étaient composés. La seconde était fausse : elle posait l'oxygène comme générateur de tous les acides et de toutes les bases.

C'est ce double programme, contenant la vérité à côté de l'erreur, que Humphry Davy eut la gloire de réaliser dans le sens que nous venons d'indiquer. Voyons comment il y parvint.

Les phénomènes de l'électricité occupaient depuis un demi-siècle l'attention des physiciens, lorsque la découverte de la pile de Volta vint redoubler leur zèle : chacun voulait expérimenter l'action de cet instrument simple et merveilleux. Rien de plus instructif pour le penseur que ce conflit d'opinions et de théories contraires que l'on vit alors surgir de toutes parts Le premier sera le dernier : l'erreur ouvre la marche; la vérité ne viendra qu'après, mais elle finira toujours par avoir le dernier mot.

En 1800, Carlisle et Nicholson, en Angleterre, firent une expérience bien facile à répéter : elle consiste à plonger dans l'eau commune les fils métalliques fixés aux deux pôles (positif et négatif) de la pile. Ils furent ainsi les premiers à voir l'eau se décomposer : le gaz oxygène se portait au pôle positif, et le gaz hydrogène au pôle négatif; en même temps il apparaissait un peu d'acide d'un côté et d'alcali de l'autre. Cette apparition, qui gâtait tout, semblait celle d'un génie malin, voulant éprouver la patience des expérimentateurs.

Dans la même année, Ritter, en Allemagne, répéta, avec quelques modifications, l'expérience des physiciens anglais; il obtint les mêmes résultats. Mais il en conclut que l'oxygène et l'hydrogène sont de l'eau combinée avec les deux électricités contraires, que l'oxygène est de l'eau combinée avec l'électricité positive, tandis que l'hydrogène est de l'eau combinée avec l'électricité négative. Cette explication ne faisait qu'obscurcir le fait au lieu de l'éclaircir.

Dans d'autres expériences, où l'on avait établi la communication entre les deux vases, il paraissait toujours de l'acide muriatique (chlorhydrique) au pôle positif. On en avait conclu que cet acide était un sous-oxyde d'hydrogène : c'était compliquer la question d'une nouvelle erreur. En 1803, Hizinger et Berzélius montrèrent que l'action décomposante de la pile s'étend à tous les composés, et qu'elle fait toujours paraître les acides au pôle positif et les alcalis au pôle négatif. C'était quelque chose; mais la question restait encore obscure.

Davy avait suivi toutes ces expériences avec le plus vif intérêt. Il les répéta, de son côté, avec des piles plus fortes, et les varia diversement. Il réussit ainsi à démontrer que lorsque l'eau est pure, on n'en extrait, par l'action décomposante de la pile, que de l'hydrogène et de l'oxygène, exactement dans les proportions où ces deux gaz se combinent pour former de l'eau; et que, quant aux acides et alcalis qui peuvent se produire, ils tiennent à des matières salines que l'eau commune contient presque toujours en dissolution. Cette fois la lumière était faite.

Après avoir soumis beaucoup d'autres composés au même agent de décomposition, Davy formula le premier la loi qui servit à Berzélius pour l'établissement de sa classification des corps simples et de sa théorie électro-chimique, suivant laquelle l'*affinité consiste dans l'énergie des pouvoirs électriques op-*

posés. Davy communiqua les résultats de son travail, le 20 novembre 1806, à la Société royale de Londres; ils ont été publiés depuis dans le tome V des œuvres de H. Davy (Londres, 1840). Ce fut pour ce travail que Davy remporta le prix de l'Institut de France, fondé pour le progrès de l'électricité. Mais un triomphe plus éclatant l'attendait.

Découverte du potassium, du sodium, etc. — Nous avons fait voir que Lavoisier avait élevé des doutes sur la simplicité des alcalis fixes (potasse et soude) et des terres (chaux, magnésie, alumine, etc.). Ces doutes exercèrent particulièrement la sagacité de Davy. Ici encore, la pile lui servit d'instrument et de guide. Il l'essaya d'abord sur la potasse en dissolution aqueuse ; puis sur de la potasse soumise à la fusion ignée. Il échoua dans l'un et l'autre essai. Il employa alors la potasse légèrement humide. Mais laissons-le raconter lui-même son expérience capitale : « J'en plaçai, dit-il, un petit fragment sur un disque isolant de platine, communiquant avec le côté négatif d'une batterie électrique de 250 plaques (cuivre et zinc) en pleine activité. Un fil de platine, communiquant avec le côté positif, fut mis en contact avec la face supérieure de la potasse. Tout l'appareil fonctionnait à l'air libre. Dans ces circonstances une action très-vive se manifesta : la potasse se mit à fondre à ses deux points d'électrisation. Il y eut à la face supérieure (positive) une violente effervescence, déterminée par le dégagement d'un fluide élastique ; à la face inférieure (négative) il ne se dégageait aucun fluide élastique; mais il y *apparut de petits globules d'un vif éclat métallique, exactement semblables aux globules de mercure.* Quelques-uns de ces globules, à mesure qu'ils se formaient, brûlaient avec explosion et une flamme brillante; d'autres perdaient peu à peu leur éclat et se couvraient finalement d'une croûte blanche. Ces globules formaient la substance que je cherchais : c'était un principe combustible particulier, c'était la *base de la potasse*[1]. »

Il est impossible de raconter avec plus de simplicité une aussi grande découverte. Cependant elle causa à son illustre auteur une vive émotion que son frère raconte en ces termes : « Quand il vit les petits globules de potassium percer la croûte de la potasse et s'enflammer au contact de l'atmosphère, il ne put plus contenir sa joie : il se promenait dans sa chambre en sautant comme saisi d'un délire extatique; il lui fallut quelque temps pour se remettre et continuer ses recherches [2]. »

1. *Memoirs of the life of sir H. Davy*, p. 109.

2. *On the decomposition and composition of thefixed alcalies.* Mémoire lu le 19 nov. 1807 devant la Société royale de Londres, publié dans le recueil de cette société (*Philosophical Transactions*) de 1818. Réimprimé dans le tome V, p. 60-61, des Œuvres de H. Davy.

Reprenant un à un tous les détails de sa mémorable expérience, Davy s'assura définitivement que ces globules, d'un éclat argentin qui, jetés sur l'eau, s'y enflammaient, qui brûlaient avec un flamme purpurine et s'éteignaient avec une légère explosion, en un mot, que cette substance brillante était un métal jusqu'alors inconnu ; que la croûte blanche, dont se couvraient les globules, était de la potasse régénérée ; que l'effervescence, remarquée au pôle positif de la pile, provenait de l'oxygène dégagé de la potasse ; que ce nouveau métal décompose l'eau en s'emparant de l'oxygène qui se fixe et en dégageant l'hydrogène qui s'enflamme. Enfin c'est ce métal ou corps simple, c'est-à-dire non décomposable jusqu'à présent, qui reçut de Davy lui-même le nom de *potassium*.

Le grand chimiste appliqua le même moyen de décomposition à la soude, et il obtint le même succès. Seulement le *sodium* brûlait avec une flamme jaune, ce qui devait, outre sa densité plus faible, servir à le distinguer du potassium.

Ces expériences si décisives, ces découvertes si belles trouvèrent cependant des contradicteurs. On supposa que ces corps nouveaux, qui semblaient mettre les savants sur la voie du fameux feu grégeois, n'étaient que des combinaisons d'hydrogène ou de carbone avec les alcalis. Pour faire tomber ces objections et hypothèses, Davy dut répéter ses expériences et montrer que le potassium et le sodium non-seulement ne contiennent ni hydrogène, ni carbone, mais qu'ils ne peuvent brûler, en se changeant en potasse et en soude, qu'au contact de matières oxygénées, et qu'il faut les conserver dans des liquides purs d'oxygène, tels que le pétrole ou huile de naphte.

Voilà comment Davy découvrit et démontra que la potasse et la soude sont de véritables *oxydes*, des *oxydes de potassium* et *de sodium*; et comme on ne connaissait alors que des oxydes métalliques, il assimila, par une conception hardie, le potassium et le sodium à de véritables métaux.

La découverte du potassium et du sodium fit naturellement songer à la possibilité de décomposer aussi les terres alcalines, telles que, la chaux, la baryte, la strontiane, la magnésie. Les premières tentatives échouèrent ou ne donnèrent que des résultats incomplets. En modifiant ses expériences sur quelques indications de Berzélius et de Pontin, engagés dans les mêmes recherches, c'est-à-dire en mettant les terres alcalines, légèrement humectées et mêlées d'oxyde de mercure, en contact avec des globules de ce métal, Davy obtint des amalgames d'où il expulsait ensuite le mercure par la distillation. C'est ainsi qu'il découvrit le *baryum*, le *strontium*, le *calcium* et le *magnésium*, en quantités très-petites, il est vrai, mais suffisantes pour montrer que ces corps simples, non volatiles à la chaleur rouge, ont un éclat argentin, qu'ils sont plus pesants que l'eau, très-avides d'oxygène, et qu'à une certaine température ils enlèvent ce gaz à tous les corps oxygénés, pour redevenir oxydes de baryum, de strontium, de calcium, de magnésium, c'est-à-dire, baryte, strontiane, chaux, magnésie; exactement comme le potassium et le sodium, qui redeviennent, dans les mêmes circonstances, oxyde de potassium et oxyde de sodium, c'est-à-dire, potasse et soude.

Voilà comment fut réalisé ce que Lavoisier avait entrevu. Davy démontra donc que les alcalis fixes et les terres alcalines sont, non plus des éléments, mais des corps composés.

La nouvelle méthode d'analyse fut féconde en découvertes. En électrisant négativement du mercure en contact avec une solution concentrée d'ammoniaque, Davy vit le mercure se solidifier et perdre les trois quarts de sa densité par l'absorption d'une quantité de gaz équivalant à peine à un deux cent trentième de son poids. Cette expérience lui fit supposer que l'alcali volatil, l'*ammoniaque* pourrait aussi avoir pour base un métal, dont l'azote et l'hydrogène (éléments de l'ammoniaque) remplaceraient l'oxygène. Puis, par une sorte d'intuition, reprise par des chimistes modernes, il se demandait si l'hydrogène ne serait pas le *principe métallisateur* par excellence, et si les oxydes ne seraient pas des radicaux combinés avec l'eau.

Démonstration de la simplicité de l'acide muriatique oxygéné (chlore). — Davy était convaincu que le rôle de l'oxygène n'était pas aussi général que Lavoisier l'avait prétendu. Fort de cette opinion, le grand chimiste aborda l'étude du corps que Scheele avait obtenu en traitant l'acide muriatique par l'oxyde de manganèse et qu'il avait nommé *acide muriatique déphlogistiqué*. (Le mot de *déphlogistiqué* est ici synonyme de *dés-hydrogéné*, parce que, suivant la théorie de Scheele, le phlogistique était l'air inflammable, l'hydrogène lui-même.) Berthollet fit, sur le corps découvert par Scheele, une série d'expériences, qui montrèrent que, dissous dans l'eau, ce corps donne de l'oxygène sous l'influence de la lumière. Berthollet en conclut que c'était une combinaison d'oxygène avec l'acide muriatique, et il proposa le nom d'*acide muriatique oxygéné*[1]. Quant à l'acide muriatique ordinaire, c'était, suivant la théorie de Lavoisier, admise par Berthollet, une combinaison de l'oxygène avec un corps particulier, avec un radical encore inconnu.

1. D'après les principes de la nomenclature, établis par Lavoisier, Guyton de Morveau et Fourcroy, l'acide muriatique aurait dû s'appeler *acide muriateux*, et l'acide muriatique oxygéné, *acide muriatique*.

Si cette explication eût été exacte, il n'y aurait eu, pour avoir le radical inconnu, qu'à enlever l'oxygène à l'acide muriatique. Le potassium ou le sodium devait s'y prêter à merveille[1]. Dès 1808, Davy essaya l'action du potassium sur le gaz acide muriatique (chlorhydrique) humide, et il vit ainsi toujours de l'hydrogène se produire. En variant ses expériences, il reconnut qu'il était impossible, sans le concours de l'eau ou de ses éléments, d'obtenir l'acide muriatique avec l'acide muriatique oxygéné sec.

Deux chimistes français, Gay-Lussac et Thenard, voulurent également s'assurer si, en désoxygénant le gaz acide muriatique oxygéné, ils ne reproduiraient pas l'acide muriatique. Mais, à leur tour, ils constatèrent l'impossibilité d'y réussir sans avoir préalablement humecté le gaz en question. Grand fut leur embarras; car ils avaient adopté pleinement la théorie de Lavoisier. « L'eau, se disaient-ils, est donc un ingrédient nécessaire à la formation de l'acide muriatique; mais comment se fait-il qu'elle y adhère avec tant de force qu'on ne puisse l'en retirer par aucun moyen? Ne serait-ce pas seulement par un de ses éléments (par l'hydrogène)

1. C'est avec le sodium qu'on est parvenu, de nos jours, à désoxyder l'alumine et à obtenir l'aluminium en assez grande quantité pour devenir l'objet d'une exploitation industrielle.

qu'elle concourt à former cet acide? Et l'oxygène qui se dégage dans cette opération, et que l'on croyait provenir de l'acide muriatique oxygéné, ne serait-il pas simplement l'autre élément de l'eau? Alors, ni l'acide muriatique oxygéné, ni l'acide muriatique ordinaire ne contiendraient d'oxygène : l'acide muriatique (chlorhydrique) ne serait que l'acide muriatique oxygéné (chlore), plus de l'hydrogène[1]. »

Les deux éminents chimistes approchaient, comme on vient de le voir, de la vérité; ils allaient la saisir, lorsque l'autorité de la théorie régnante vint à les en détourner. Les paroles que nous venons de citer, ils ne les présentaient que comme l'expression d'une *hypothèse possible;* mais ils n'osaient soutenir leur opinion en face de leurs vieux maîtres, Berthollet, Fourcroy, Chaptal, pour qui la théorie de Lavoisier était presque une religion.

Davy ne devait pas avoir les mêmes scrupules. Il ne pouvait pas, ne fût-ce que comme Anglais, se laisser dominer par une théorie à laquelle les savants français demeuraient attachés comme à une gloire nationale. Il aborda donc de nouveau le problème avec une complète liberté d'esprit; résumant les tentatives qui avaient été faites pour désoxyder l'acide muriatique oxygéné, il déclara que ce pré-

1. Dans le t. II des *Mémoires de la société d'Arcueil.*

tendu acide, découvert par Scheele, est un *corps simple* et qu'en se combinant avec l'hydrogène il forme l'acide muriatique. Ce corps simple, gazeux, il l'appela *chlorine*, du mot grec *chloros*, jaune verdâtre, à cause de la couleur de ce gaz; ce nom fut changé plus tard en *chlore*, qu'il porte encore aujourd'hui. Mais Davy ne se borna pas seulement à lui donner un nom; il démontra que le chlore peut, dans ses combinaisons avec les autres corps, jouer le même rôle que l'oxygène, et que les réactions jusqu'alors incompréhensibles s'expliquaient par là naturellement.

La théorie de Lavoisier fut ainsi sapée par la base : il fallait bien reconnaître que l'oxygène n'est pas l'élément unique de la combustion, qu'il y a des acides (*hydracides*), des sels (*haloïdes*) et des bases (*chlorobases*), dans la composition desquels il n'entre pas un seul atome d'oxygène. Cependant malgré l'évidence de ces faits, la théorie de Lavoisier, la théorie française, conserva des partisans nombreux. Et, chose digne de remarque, c'est parmi ses compatriotes que Davy rencontra les plus violents adversaires; tant il est vrai que, même en science, nul n'est prophète dans son pays. Murray, professeur de chimie à Édimbourg, persistait à soutenir que le chlore est un composé d'oxygène et d'acide muriatique sec. Il publia, dans le journal de Nicholson, une série d'articles pour défendre l'ancienne doctrine. Humphy Davy y fut l'objet de vives attaques. Il chargea son frère d'y répondre. « Cette controverse, rapporte John Davy, quoique conduite avec une chaleur et une acreté inutile, ne fut pas cependant tout à fait sans résultats. Elle fit découvrir deux gaz nouveaux, l'*euchlorine* (acide chloreux), composé de chlore et d'oxygène, et le *phosgène*, composé de chlore et d'oxyde de carbone. Ces deux gaz, que Murray avait rencontrés dans ses expériences, et dont il ignorait la composition, étaient en grande partie la cause de l'erreur qu'il soutenait. »

Cependant les faits continuèrent à s'accumuler. La découverte de l'iode, substance dont les propriétés chimiques ont la plus grande analogie avec celles du chlore, fit enfin abandonner universellement une théorie devenue insoutenable. Un mot sur cette découverte.

Découverte de l'iode. — Un habile salpêtrier de Paris, qui demeurait rue du Regard, et se nommait Courtois (nous n'en avons d'autres détails biographiques), découvrit, vers le milieu de 1811, dans les cendres des plantes marines une matière noirâtre qui corrodait ses chaudières : c'était l'*iode*, ainsi appelé depuis, à cause de la belle couleur violette de sa vapeur. (*Iodès*, en grec, signifie *violet.*) Courtois remit des échantillons de cette matière à Clément, chimiste, qui en fit l'objet de ses recherches, et n'en fit connaître les résultats que le 20 novembre 1813, dans une séance de l'Académie des Sciences. H. Davy, qui, par une faveur spéciale de l'empereur Napoléon Ier, avait obtenu la permission de traverser la France pour se rendre en Italie, se trouvait alors à Paris [1].

Ici s'élève un singulier conflit de priorité. Qui des deux, de Gay-Lussac ou de Davy, fit le premier connaître l'iode comme corps simple?

Donnons d'abord la parole à Gay-Lussac. « M. Clément, dit-il, était encore occupé de ses recherches, lorsque M. Davy vint à Paris. Il ne crut pouvoir mieux accueillir un savant aussi distingué qu'en lui montrant la nouvelle substance qu'il n'avait encore montrée qu'à MM. Chaptal et Ampère. Je rapporte ces circonstances pour répondre à l'étrange assertion que l'on trouve dans le journal de MM. Nicholson et Tilloch n° 189, p. 69 (année 1814); cette assertion est ainsi conçue : « Il paraît que l'iode fut « découvert plus de deux ans auparavant; mais tel « est l'état déplorable des savants en France, qu'on « n'en avait rien publié jusqu'à l'arrivée de notre « philosophe anglais. » —Peu de temps après avoir montré l'iode à M. Davy et lui avoir communiqué le résultat de ses recherches, M. Clément, ajoute Gay-Lussac, lut sa note à l'Institut et la termina en

1. Voy. page 206.

annonçant que j'allais les continuer. Le 6 décembre, je lus en effet à l'Institut une note qui fut imprimée dans le *Moniteur*, le 12 décembre, et qui l'a été ensuite dans les *Annales de Chimie*, t. LXXXVIII, p. 311. Je ne rappellerai pas ici que les résultats qu'elle renferme ont déterminé la nature de l'iode et que j'y ai établi que cette substance est un corps simple, analogue au chlore. Personne n'a contesté jusqu'à présent que j'aie fait connaître le premier la nature de l'iode, et il est certain que M. Davy n'a publié ses résultats que plus de huit jours après avoir connu les miens [1]. »

Nous venons d'entendre Gay-Lussac.

Écoutons maintenant Davy. « M. Ampère eut, dit-il, la bonté de me donner un peu de cette substance (iode), et M. Clément m'ayant sollicité de la soumettre à quelques essais analytiques, je fis à ce sujet diverses expériences, qui me convainquirent que c'était une *substance nouvelle*, *indécomposable dans aucune des circonstances auxquelles j'étais capable de l'exposer*, et que l'acide auquel elle donnait naissance dans ses réactions, *n'était pas l'acide muriatique*, mais un acide nouveau, ayant beaucoup de ressemblance avec l'acide muriatique. »

Ces paroles de Davy se lisent au commencement

1. *Annales de chimie*, t. XCI, p. 5. *Moniteur* du 12 décembre 1813.

d'un mémoire intitulé *Some experiments and observations on a new substance which becomes a violet colored gas by heat*[1] (Quelques expériences et observations sur une substance nouvelle qui se change, par la chaleur, en une vapeur violette), et communiqué à la Société royale de Londres le 20 janvier 1814. Elles se trouvent confirmées et complétées dans une lettre adressée de Florence, en date du 18 mars 1814, à John Davy. « J'ai travaillé sur l'iode et un peu sur la torpille. L'iode a été, pendant deux ans, à l'état embryonnaire. Je vins à Paris. Clément me pria de l'examiner : il croyait que c'était un corps composé, produisant de l'acide muriatique. J'y travaillai quelque temps; je déterminai que c'était un corps nouveau, et qu'il produit un acide particulier (acide iodhydrique) en se combinant avec l'hydrogène. J'en fis part à Gay-Lussac, à Ampère et à d'autres chimistes. Le premier prit immédiatement « la parole du Seigneur de la bouche de son serviteur, » et traita ce sujet comme il avait traité le potassium et le bore. Le mémoire *Sur l'iode*, que j'ai envoyé à la Société royale, je l'ai écrit avec l'approbation de Clément, et une note, publiée dans le *Journal de Physique*, établit mes droits de priorité. »

1. Ce mémoire a été réimprimé dans le t. V, p. 437 et suivantes des *OEuvres complètes* de Davy.

Nous avons vu que Gay-Lussac eut soin de nous apprendre lui-même, dans une note imprimée au *Moniteur* du 12 décembre 1813, comment il détermina le premier la nature de l'iode.

Or, voici ce que H. Davy avait écrit la *veille* du 12 décembre de la même année, dans le *Journal de Physique*, qui, comme le *Moniteur*, se publiait à Paris.

« Lettre sur une nouvelle substance, découverte par M. Courtois dans le sel de varec, à M. le chevalier Cuvier, par Sir H. Davy.

Paris, le 11 décembre 1813.

« Monsieur, je vous ai dit, *il y a huit jours*, que je n'avais pu découvrir l'acide muriatique dans aucun des produits de la nouvelle substance découverte par M. Courtois dans le sel de varec, et que je regardais l'acide qu'y a fait naître le phosphore dans les expériences de MM. Désormes et Clément, comme un composé de cette nouvelle substance et d'hydrogène, et la substance elle-même comme un *corps nouveau, jusqu'à présent indécomposé*, et appartenant à la classe des substances qui ont été nommées *acidifiantes* ou *entretenant la combustion*. Vous m'avez fait l'honneur de demander communication de mes idées par écrit. Plusieurs chimistes s'occupent aujourd'hui de cet objet, et il est probable qu'une partie de ces conclusions auront été également trouvées par eux, principalement par M. Gay-Lussac, dont la sagacité et l'habileté doivent nous faire espérer une histoire complète de cette substance. Mais puisque vous pensez qu'une comparaison de différentes vues et expériences, faites d'après différents plans, pourraient répandre plus de lumières dans un champ de recherches si nouveau et si intéressant, je vous communiquerai mes résultats généraux.... »

Suit l'exposé d'une série de recherches, propres à faire connaître la nature de l'iode. L'auteur ajoute en terminant :

« J'ai essayé de décomposer la nouvelle substance en l'exposant à l'état gazeux dans un petit tube, à l'action de la pile de Volta, par un filament de charbon qui devient chauffé jusqu'au rouge durant l'opération. Il se forme dans le commencement un peu d'acide ; mais cette formation cesse bientôt, et quand le charbon a été chauffé au rouge, la substance n'a éprouvé aucune altération. »

« Je suis, Monsieur, etc.

« HUMPHRY DAVY. »

Il suffit de comparer, pour juger. C'est évidemment H. Davy, et non Gay-Lussac, qui le premier a fait connaître la nature de l'iode[1].

L'éminent chimiste anglais fut très-sensible au tour (*turn*) que lui avait joué celui qu'il avait proclamé « le premier des chimistes français. » Il s'en expliqua dans une lettre à son frère. « Pendant mon séjour à Paris, je voyais, dit-il, souvent Berthollet, Cuvier, Chaptal, Vauquelin, Humboldt, Morveau, Clément, Chevreul et Gay-Lussac. Ils étaient tous polis et attentifs pour moi, et, à l'exception du tour que m'a joué Gay-Lussac en publiant, sans le reconnaître, ce qu'il avait d'abord appris de moi, je n'eus à me plaindre d'aucun de ces messieurs. Mais qui pourrait faire taire l'amour-propre? Il n'est cependant pas bon d'entrer en conflit avec la vérité et la justice. Mais, laissons là la morale et mes griefs. L'iode est pour moi un utile allié.... La vieille théorie est maintenant presque tout à fait abandonnée en France. Parmi les chimistes je ne connais que Thenard qui, à Paris, la défende, et encore ne la défend-il que faiblement, et, peut-être qu'en ce moment (mars 1814), y a-t-il renoncé[2]. »

Lorsque Davy eut annoncé au monde savant son puissant moyen d'analyse, ce furent Gay-Lussac et

1. Le nom même d'*iode* est dû à Davy; il l'avait d'abord appelé *iodine* pour rappeler son analogie avec le chlore, nommé par lui *chlorine*.

2. *Memoirs of the life of sir Humphry Davy*, p. 180-181.

Thenard qui l'étudièrent les premiers : ils l'expérimentèrent en grand, grâce à l'empereur Napoléon Ier, qui avait mis à la disposition de l'École polytechnique les fonds nécessaires à la construction d'une pile colossale. Pendant une de ces expériences, Gay-Lussac faillit perdre la vue par la projection d'un fragment de potassium (le 3 juin 1808). Il reçut les soins empressés du célèbre chirurgien Dupuytren, et se crut aveugle pendant un mois. Thenard faillit s'empoisonner avec du sublimé corrosif. Dulong perdit un œil et un doigt en découvrant le chlorure d'azote, composé liquide, oléagineux, explosible, qu'on obtient en faisant passer un courant de gaz chlore dans une dissolution de sel ammoniac. Ampère, dans une lettre à Davy, mentionne l'accident arrivé au célèbre physicien. « Vous avez sans doute appris, lui mande-t-il, la découverte qu'on a faite à Paris il y a près d'un an, d'une combinaison de gaz azote et de *chlorine*[1], qui a l'apparence d'une huile, plus pesante que l'eau, et qui détonne avec toute la vitesse des métaux fulminants à la simple chaleur de la main, ce qui a privé d'un œil et d'un doigt l'auteur de la découverte. Cette détonnation a lieu par la simple séparation des deux gaz (azote et chlore), comme celle de la combinaison d'oxygène et chlorine. Il y

1. On voit qu'Ampère se servait de la nomenclature anglaise.

a également beaucoup de lumière et de chaleur produit par cette détonnation. »

L'accident qui estropia Dulong eut lieu en 1812, quatre ans après celui qui faillit aveugler Gay-Lussac. La science aussi est un champ de bataille. Mais quelle différence d'avec l'autre! Le souverain qu'on sert ici se nomme *progrès;* c'est le vrai bienfaiteur de l'humanité.

Au moyen de l'électricité combinée avec l'action du potassium ou du sodium, Gay-Lussac et Thenard, associés dans leurs travaux, parvinrent à démontrer que l'acide borique, ou, comme on l'appelait alors, l'*acide boracique*, est composé d'oxygène et d'un élément nouveau qui reçut le nom de *bore*, et ils entrevirent la composition de l'*acide fluorique* (acide fluorhydrique), formée d'hydrogène et de *fluor*, corps qui, à cause de sa propriété d'attaquer, de corroder tous les vases, n'a pu être encore isolé à l'état de pureté.

Davy s'était occupé de l'analyse des mêmes composés; mais il eut soin de rendre aux travaux des deux éminents chimistes français toute la justice qu'ils méritaient. Les succès d'autrui ne lui portaient jamais ombrage : unissant à une grande intelligence un noble cœur, il ne voyait dans la science que le plus sûr moyen de servir l'humanité.

AVENIR DE LA CHIMIE

III

AVENIR DE LA CHIMIE.

La chimie, comme toute science expérimentale, est une œuvre continue, progressive. Il peut y avoir çà et là, comme nous l'avons montré, des périodes stériles, des moments d'arrêt, d'une durée variable; mais jamais il n'y aura cessation absolue. La pensée perfectible, qui a pour outils les sens et l'intelligence, se transmet indéfiniment : elle est immortelle.

Les ouvriers de la pensée ou du progrès se sont distribué les rôles de leur travail, suivant leurs aptitudes personnelles. Les uns font des théories et provoquent par leurs conceptions, souvent erronées, le contrôle de l'expérience. Les autres, opérant directement sur la matière, découvrent des faits, féconds en résultats. D'autres enfin, plus attentifs aux applications, perfectionnent les moyens d'investigation ou en inventent de nouveaux.

C'est sur cette division naturelle du travail que repose la classification des chimistes philosophes, des chimistes manipulateurs et des chimistes investigateurs. Il est bien entendu qu'il y en a qui appartiennent à toutes ces catégories à la fois; c'est particulièrement le cas des chimistes philosophes et des chimistes investigateurs.

Chimie moléculaire.—Qu'est-ce que la matière? Est-elle réellement divisible à l'infini? Comment se transforme-t-elle? Ces questions, sans cesse renouvelées, furent déjà posées par les plus anciens philosophes de la Grèce.

Voici ce que disait, il y a vingt-trois siècles, Anaxagore, le même que les Athéniens accusèrent d'impiété, et qui n'échappa que par la fuite à la sentence de mort, décrétée contre lui. Les paroles de ce grand novateur méritent d'être citées, ne fût-ce que pour montrer que, dans le domaine des idées, la vérité se présente quelquefois à l'esprit humain comme la belle d'un beau rêve.

« Tout est dans tout. Chaque atome est un monde en miniature. Nos aliments servent à produire les muscles, le sang, les os, en un mot, toutes les parties de notre corps. Cela serait-il possible, s'il n'y avait pas dans les aliments des atomes identiques avec ceux dont se composent les muscles, le sang, les os, etc.? Les corps peuvent être décomposés en leurs *homéoméries* ou particules similaires; mais ces particules similaires sont elles-mêmes insécables et indestructibles. Il suit de là que le nombre des homéoméries ne peut être ni augmenté, ni diminué. La quantité de matière, dont se compose le monde, est donc constante, quelles que soient ses transformations. »

Nos chimistes et nos physiciens ne sauraient mieux faire que de développer ces conceptions grandioses.

L'idée de comparer les mouvements des atomes de la matière aux mouvements des corps célestes n'est pas nouvelle. Newton la reprit avec une incontestable autorité. D'Alembert était entré dans la même voie, quand il proposa de concevoir l'univers comme l'expression d'un fait unique. Mais ce fut un contemporain et un compatriote de Newton, Robert Boyle, qui traça le premier aux chimistes la route à suivre dans l'étude de la constitution moléculaire des corps. « Quel que soit, dit-il, le nombre des éléments, on démontrera peut-être un jour qu'ils consistent dans des corpuscules insaisissables, de forme et de grandeur déterminées, et que c'est de l'arrangement de ces corpuscules que résulte le grand nombre des composés que nous voyons. Si, avec des briques de même dimension et de même couleur, nous construisons des ponts, des routes, des maisons, par un simple changement dans la disposition de ces matériaux de même espèce, quelle multitude de composés ne doit pas produire le groupement varié de ces corpuscules primitifs, que nous ne supposons pas tous d'égale forme comme les briques[1]? »

L'existence de ces *corpuscules primitifs*, qu'aucun œil humain ne saurait percevoir, est directement indémontrable. Mais d'irrécusables faits y conduisent la pensée : les transformations perpétuelles, cycloïdales, de la matière témoignent d'un mouvement moléculaire qui, de tout temps, a soumis la curiosité humaine à de bien rudes épreuves. L'imagination, toujours portée à parler la première, se trouve, d'un côté, attirée par un grand mystère, et de l'autre, retenue par les brides de l'expérience.

Mais, on a beau se tenir sur ses gardes, s'armer de prudence, c'est presque toujours « la folle du logis, » l'imagination, qui l'emporte. Comment y parvient-elle? Au moyen des mots qui ont l'air de dire beaucoup, et qui, au fond, ne disent pas grand' chose; témoins les mots, *attraction*, *cohésion*, *affinité*. A-t-on jamais pu s'entendre sur le sens précis

1. Boyle, *Philosophical works*, vol. I, p. 193.

de ces mots? Évidemment non; car, si on avait pu s'entendre à cet égard, on n'aurait pas vu les auteurs *venir, chacun à son tour*, proposer sa *manière* d'envisager l'attraction, la cohésion, l'affinité. Heureusement on commence aujourd'hui à s'apercevoir qu'on s'était fourvoyé.

Pour former des composés, l'homme peut-il varier à son gré les proportions et le nombre des composants ; en d'autres termes, peut-il créer des combinaisons arbitraires, ou bien toutes les combinaisons ont-elles été préétablies dans l'ordre général par l'invariabilité des rapports des composants?

Cette grande question divisait encore les chimistes au commencement de notre siècle, comme la question de la génération spontanée, à laquelle elle se rattache, continue à diviser les naturalistes.

Deux champions entrèrent en lice, Berthollet et Proust. Berthollet prétendait que « les combinaisons de la chimie se font dans toutes les proportions, quand la cristallisation ou toute autre cause physique ne vient pas limiter le pouvoir de l'affinité. » — L'habile chimiste avait été conduit à cette manière de voir par l'examen de quelques composés qui se détruisent peu à peu par le lavage, et dont les éléments paraissent pouvoir se combiner dans toutes les proportions possibles.

Proust soutenait, au contraire, que les vrais composés sont nettement caractérisés par l'invariabilité du rapport dans lequel leurs éléments se combinent, et que « tous les corps de la nature ont été faits à la balance d'une sagesse éternelle. »

Berthollet, engagé dans une fausse voie, devint obscur, embarrassé, diffus. Proust, précis et original, eut des réponses à toutes les objections. Comme il n'admettait que deux oxydes, correspondant à deux sulfures, on lui objecta le minium, le tritoxyde de plomb. « Eh bien, répliqua-t-il sans se déconcerter, le minium est un composé de protoxyde et de peroxyde. » Et cette manière de voir, confirmée par l'expérience, fut bientôt universellement adoptée.

Pourquoi Proust ne découvrit-il pas la loi des nombres proportionnels, vers laquelle convergeaient cependant tous ses travaux ? C'est parce que, en formulant ses résultats analytiques, il prenait pour terme constant le poids de la matière employée, au lieu de choisir pour cela le poids de l'un des éléments du composé. Dans ce dernier cas, il aurait vu clairement le rapport qui existe entre le poids de cet élément pris pour unité et les poids des autres éléments. Par exemple, en prenant, comme l'avait fait Proust, pour terme constant, 100 parties de protoxyde d'étain, on trouvera simplement qu'elles renferment 87 parties d'étain et 13 parties d'oxygène; de même que 100 parties de deutoxyde contiennent 78 parties d'étain et 22 parties d'oxygène. Mais si, comme aurait dû le faire Proust, on choisit pour terme constant l'étain, on trouvera que 100 parties de ce métal se combineront avec 28 parties d'oxygène, pour former le deutoxyde, et avec 14 parties d'oxygène pour former le protoxyde d'étain. Or, 28 : 14 :: 2 : 1. La quantité d'oxygène contenue dans le deutoxyde est donc double de celle que renferme le protoxyde.

L'analyse fit découvrir beaucoup d'autres composés analogues, et bientôt on acquit une somme de faits suffisants pour permettre à Higgins ou à Dalton[1] de formuler nettement la loi des *proportions multiples*, déjà entrevue par Wenzel et Richter. D'après cette loi, qui n'exprime qu'un fait général, « les quantités différentes d'un même élément qui entre dans la composition d'un corps, sont des multiples ou des sous-multiples. »

A la loi des proportions multiples se rattache la doctrine des *équivalents*. Celle-ci n'est en réalité qu'une manière de comprendre plus largement les mêmes

1. William Higgins (*A comparative view of the phlogistic and antiphlogistic theories*, Londres, 1789) croyait au fait des proportions multiples, mais il ne l'érigea point en loi. Quant à Bryan Higgins (*Experiments and observations*, etc., Londres, 1786), il n'avait jamais songé à généraliser le fait des proportions définies et multiples, bien qu'il se fût beaucoup occupé des atomes. C'est donc Dalton qui formula le premier la loi qui porte son nom, comme l'a établi R. A. Smith, dans *Memoir of Dalton and History of the atomic theory up to his time*, Londres, 1856.

faits. Dire, par exemple, que 590 parties de potasse neutralisent 501 parties d'acide sulfurique ou 675 d'acide nitrique, c'est constater un simple fait expérimental, immédiatement contrôlable par un réactif, par le papier de tournesol, propre à indiquer la neutralisation : tout se borne là. Mais dire que la même quantité de potasse *équivaut* aux quantités indiquées d'acide sulfurique ou d'acide nitrique, c'est supposer à ce même fait une valeur qui dépasse les limites de l'expérience immédiate. Il importe alors de s'entendre préalablement sur le choix de l'élément qui doit servir d'unité. L'élément qui remplit le mieux ce but, sera celui qui entre dans des composés bien connus, tels que les sels, les acides et les bases.

Revenons maintenant à l'exemple cité. On sait, par l'analyse, que la potasse est un composé d'oxygène et de potassium, de même que l'acide sulfurique est un composé d'oxygène et de soufre. Comme l'oxygène se trouve à la fois dans les deux composés, c'est à lui que nous rapporterons les quantités pondérales des autres éléments. La synthèse nous avait appris qu'il faut 590 parties de potasse pour neutraliser 501 parties d'acide sulfurique. Or, si nous représentons l'oxygène par 100, il restera 490 pour le potassium ; ce sera donc là l'*équivalent* du potassium, celui de l'oxygène étant 100. Et, comme dans 501 parties d'acide sulfurique on trouve le triple de l'oxygène de la potasse, $501 - 300 = 201$

sera l'équivalent du soufre. Dans 675 parties d'acide azotique existe le quintuple de l'oxygène contenu dans 590 de potasse; l'équivalent de l'azote sera donc 677—500=175.

Il est facile de déterminer ainsi les équivalents de tous les corps qui forment, avec l'oxygène, des acides saturant la même quantité de potasse. Par exemple, la quantité d'oxygène contenue dans 275 d'acide carbonique (quantité pondérale neutralisant 590 parties de potasse) est le double de l'oxygène renfermé dans 590 de potasse; de là, l'équivalent du carbone 275 — 200 = 75.

Nous venons de voir le cas d'une même quantité de base, neutralisée par des quantités d'acides différentes. Prenons maintenant le cas inverse, et choisissons pour quantité constante les 501 parties d'acide sulfurique que nous avons vues saturer 590 de potasse. Nous trouverons alors que cette quantité du même acide neutralise 390 de soude, 956 de baryte, 1450 d'oxyde d'argent, etc. Et comme l'oxygène contenu dans chacune de ces bases n'est que le tiers de celui renfermé dans 501 parties d'acide sulfurique, nous aurons pour l'équivalent du sodium 390 — $\frac{300}{3}$ = 290; pour l'équivalent du baryum, 960 — $\frac{300}{3}$ = 856; pour celui de l'argent, 1450 — $\frac{300}{3}$ = 1350.

Rien de plus simple que de construire sur ces données une *table des équivalents*. Seulement, il ne faut pas oublier qu'elles sont déduites du rapport des oxacides et des oxy-bases, et que ce rapport est expérimentalement indiqué par la neutralité des sels. Le même procédé est encore applicable aux hydracides. Ainsi, l'acide chlorhydrique, en réagissant sur la potasse, forme de l'eau (par la combinaison de l'hydrogène de l'acide avec l'oxygène de la base), et du chlorure de potassium neutre. Le chlore a donc pour équivalent la quantité pondérale de ce gaz qui remplace l'oxygène de la potasse.

Mais là difficulté commence lorsqu'on cherche à déterminer les équivalents des métaux qui, par leurs différents degrés d'oxydation, forment plus d'une base. Tel est, entre autres, le cas du fer. Ce métal produit deux oxydes salifiables: dans l'un, 100 parties d'oxygène sont unies à 339 parties de fer : c'est le protoxyde; dans l'autre, la même quantité d'oxygène est unie à 226 parties de fer : c'est le peroxyde. Lequel des deux, de 339 ou de 226, sera l'équivalent du fer? Car, le protoxyde (339 fer + 100 oxygène), et le peroxyde (226 Fe + 100 O), sont également susceptibles de saturer un équivalent d'acide.

Cette incertitude donne la liberté du choix. La situation est fort embarrassante pour l'esprit habitué à être conduit par l'expérience comme l'enfant à la lisière, ou comme un animal guidé par l'instinct. A ce propos nous rappellerons une anecdote de B. de

Saussure. Ce célèbre voyageur des Alpes était accompagné d'un chien de chasse très-intelligent. « Un soir, avant de se coucher sur un tas d'herbes, mon chien, raconte-t-il, se mit à tourner sur lui-même, comme les chiens ont l'habitude de faire en pareil cas. Un berger qui se trouvait là, me dit en riant : Je parie que vous, monsieur, qui connaissez toutes les herbes et les pierres de la montagne, vous ne saurez pas répondre à une question que je vais vous faire. Pourquoi ce chien tourne-t-il si longtemps avant de se coucher, tandis qu'un homme se couche tout de suite sans se tourner sur son lit ? Je répondis que le chien faisait ce mouvement pour produire un enfoncement dans lequel il se trouvât plus à l'aise. Point du tout, répliqua le berger ; car il pourrait pétrir cette herbe sans se tourner. Mais ne voyez-vous pas, à son air incertain, qu'il ne tourne que parce qu'il hésite sans cesse sur l'endroit où il mettra sa tête ; il veut la mettre ici, puis là, puis encore là ; il n'y a point de raison qui le décide ; au lieu qu'un homme, qui voit d'abord le chevet sur lequel il doit placer sa tête, n'hésite, ni ne tourne. J'avoue que je ne me serais pas attendu à voir sortir de la bouche de ce berger un argument contre la *liberté d'indifférence.* »

Une simple convention fit cesser l'incertitude, la liberté d'indifférence. Il fut convenu de représenter « l'équivalent d'un métal par la quantité de ce métal qui, en se combinant avec 100 parties d'oxygène, forme un protoxyde. » D'après cette convention, le protoxyde devait se composer de 1 équivalent de fer et de 1 *équivalent* d'oxygène, et le peroxyde, de de 2/3 équivalent de fer et de 1 équivalent d'oxygène.

Mais, d'après ce système, on arrive à des fractions d'équivalents. Les nombres fractionnaires, nous avons beau faire, déplairont toujours à notre esprit, comme les dissonances déplaisent à nos oreilles. Le sentiment de l'harmonie n'est-il pas instinctif?

Le système adopté se compliqua bientôt d'une difficulté nouvelle. Tous les corps ne se comportent pas comme les acides et les bases. Il y en a beaucoup qui se refusent à toute neutralisation. Combien faut-il, dans un composé binaire, de chlore pour remplacer le soufre, de carbone pour remplacer l'azote, etc.? Quelle méthode faudra-t-il ici employer?

Les philosophes grecs, d'une imagination si féconde, nous ont légué tout un arsenal de théories. C'est de là que les chimistes ont tiré la conception des atomes, qui passe pour une invention de Démocrite.

La matière est divisible à l'infini. Mais l'infini n'est point à notre portée. Que faire? Imaginer la matière composée d'un nombre incalculable de particules insécables, d'atomes. Voilà comment l'esprit se tire d'affaire, quand l'expérience lui fait défaut. Cette idée de Démocrite fut reprise par Leucippe et par Épicure, chantée en beaux vers par Lucrèce, et singulièrement perfectionnée par les modernes. Bryan Higgins enseignait, en 1775, « que l'attraction d'un corps n'est que la somme des attractions exercées par les atomes élémentaires de ce corps, et que cette somme en réprésente aussi le poids spécifique. » — Suivant B. Higgins, les atomes d'un élément sont tous homogènes, polarisés, globulaires, séparés par des intervalles, et groupés à la fois dynamiquement et géométriquement[1].

Ce fut pour donner un corps à la doctrine empirique des équivalents que les chimistes recoururent aux atomes. Ils supposèrent que les atomes diffèrent d'une espèce de matière à l'autre par leur poids, sinon par leur forme, et qu'en se déplaçant les uns les autres ils conservent leur nature élémentaire, propre. On voit que dans tout cela il n'y a, au fond, qu'une question de rapport, et c'est par là que la chimie se lie aux mathématiques.

Cependant la théorie atomique, que ne justifiait aucune nécessité, aurait été probablement abandonnée, si elle n'avait pas trouvé un point d'appui dans un fait inattendu. Les chimistes, contemporains

1. R. A. Smith, *Memoir of Dalton*, p. 168 et suiv.

de Lavoisier, avaient varié sur la composition de l'eau : ils l'estimaient composée, les uns d'un peu plus, les autres d'un peu moins de 2 volumes d'hydrogène pour 1 volume d'oxygène. Ce travail analytique fut incidemment repris, en 1805, par Alexandre de Humboldt et Gay-Lussac : ils avaient besoin, pour leurs analyses eudiométriques de l'air, de connaître avec la dernière précision, le rapport de l'hydrogène et de l'oxygène en volumes dans la formation de l'eau [1]. Or, en prenant la moyenne d'un assez grand nombre d'expériences, ils trouvèrent que ce rapport est exactement de 2 volumes d'hydrogène pour 1 volume d'oxygène. Gay-Lussac observa par la suite, que les volumes des autres gaz et des corps en vapeurs se combinent également dans des rapports simples; puis, substituant les atomes aux volumes, il établit en principe « que les corps à l'état de gaz ou de vapeurs sont formés d'atomes qui s'unissent en proportions simples et constantes. » — Cette loi, ou plutôt cette manière de voir, Dalton l'avait, quelque temps auparavant, appliquée à tous les corps en général.

Une fois engagé dans la voie des hypothèses, on va vite. Les partisans de la théorie atomique crurent bientôt devoir admettre « que dans les gaz et vapeurs les atomes sont placés à d'égales dis-

1. Voy. pour l'eudiomètre, p. 131.

tances, et qu'à volume égal il y en a le même nombre dans deux gaz différents. » — Et comme beaucoup de corps solides sont réduisibles en vapeurs, on ne tarda pas à étendre cette idée à tous les corps, même à ceux qui ne sont ni fusibles, ni volatiles. Depuis lors on parle de *vapeur de carbone* aussi aisément que de vapeur de mercure ou de soufre.

Mais ce n'est pas tout que formuler une théorie; il faut la démontrer. C'est ici que la difficulté redouble. Accordons que, à volume égal, les gaz et les vapeurs renferment le même nombre d'atomes, et que ceux-ci ne varient, d'un corps à l'autre, que par leur poids et par la densité. Quel rapport y a-t-il entre le poids atomique et le poids spécifique (densité)? Ce rapport a été trouvé simple, non sans avoir peut-être exagéré un peu les résultats de l'analyse, afin de faire mieux cadrer, — quelle tentation! — les faits avec la théorie.

Cependant tous les corps ne sont pas d'une égale complaisance. Il y en a qui nous forcent à couper les atomes et à déclarer nettement que les gaz ne renferment pas, à volume égal, le même nombre d'atomes.

Mais, en voici bien d'une autre. Les différents corps de la nature, pris à poids égal, demandent des quantités de chaleur différentes pour s'échauffer d'un même degré; c'est cette chaleur, variable pour chaque espèce de matière, qui a reçu le nom de *chaleur spécifique*. Or, si vous multipliez la chaleur spécifique par le poids atomique, vous obtiendrez à peu près constamment le même produit-nombre. Les atomistes s'emparèrent aussitôt de cette donnée expérimentale pour formuler une nouvelle loi, ou plutôt pour renforcer la première. D'après cette loi, « il faut une égale quantité de chaleur pour échauffer d'un degré un atome de chaque corps simple. » Cela signifie qu'il suffit de diviser le produit-nombre constant par celui de la chaleur spécifique pour avoir le poids atomique. Or, cette loi, appelée *loi de Dulong et Petit*, développée et rectifiée par M. Regnault, confirme, pour un certain nombre de corps, la loi de Gay-Lussac et de Dalton, tandis que pour d'autres corps, elle la contredit positivement.

Cependant les difficultés continuaient à s'accroître. Pour se tirer d'embarras, on fit valoir une idée de William Prout, chimiste anglais, qu'il ne faut pas confondre avec Proust, chimiste français, mentionné plus haut, et qui mourut en 1826, membre de l'Académie des sciences. D'après l'idée de Prout[1], les équivalents des corps simples seraient des multi-

1. Elle se trouve consignée, sous le voile de l'anonyme, dans un Mémoire intitulé : *On the relation of the specific gravities of bodies in their gazeous state and the weights of their atomes*, dans Thomson, *Annales of Philosophy*, année 1815, p. 321 et suiv.

ples de celui de l'hydrogène pris pour unité. Comme plusieurs faits tendent à la confirmer, on se mit aussitôt à remanier le tableau des poids atomiques, dans le sens indiqué par le chimiste anglais. Et voilà comment l'oxygène fut détrôné par l'hydrogène.

Cependant quelques chimistes eurent des scrupules. Avant d'adopter cette nouvelle manière de voir, ils voulurent, — les curieux ! — interroger la balance. Et c'est ainsi que M. Stas, entre autres, fut amené à déclarer, au nom de l'expérience, « qu'on doit considérer la loi de Prout comme une pure illusion, et regarder les corps indécomposables de notre globe comme des êtres simples n'ayant aucun rapport simple de poids entre eux. »

L'hypothèse de W. Prout implique l'idée d'une matière première unique, idée qui compte encore un certain nombre de partisans.

Nous croyons que la question ne sera résolue qu'après avoir abandonné l'idée d'une échelle unique, dont les termes se rapporteraient à l'oxygène et à l'hydrogène, pris pour unité. La nature nous offre partout des groupes d'êtres dont chacun a son centre de rotation. C'est le lien commun de ces groupes qu'il faudra chercher. Voilà, selon nous, l'avenir de la science des atomes.

La constitution moléculaire des corps a été en même temps envisagée sous d'autres faces. Qu'il nous suffise de citer l'isomorphisme et la cristallogénie.

Les formes géométriques que les corps minéraux sont susceptibles de prendre dans certaines conditions, naturelles ou artificielles, attirèrent de bonne heure l'attention des observateurs. On remarqua que certains corps, tels que l'alun à base de potasse et l'alun à base d'ammoniaque, peuvent ensemble concourir à la formation d'un même cristal, ce qui leur fit donner le nom de *corps isomorphes*. Mitscherlich, étudia ces corps d'une manière spéciale, et parvint à établir, « que le même nombre d'atomes, combinés de la même manière, produit la même forme cristalline, et que la même forme cristalline n'est déterminée que par le nombre et la position relative des atomes, indépendamment de leur nature chimique. »

D'après ce simple énoncé, on voit qu'il ne s'agit, au fond, que d'une hypothèse. Elle fut développée par d'autres chimistes, notamment par M. H. Kopp, qui entreprit de démontrer que dans les corps isomorphes les poids spécifiques sont proportionnels aux poids atomiques.

Mais peu de savants se sont occupés de la constitution moléculaire, de la cristallogénie des corps, avec autant de persévérance que M. A. Gaudin. Montrant combien il importe de distinguer la molécule de l'atome, il réserve le nom d'*atome* exclusivement à la particule matérielle, indivisible par nos moyens chimiques, et il appelle *molécule*, tout groupe naturel d'atomes. La molécule correspond au volume pour les corps gazeux et à la forme du cristal pour les corps solides. Dans beaucoup de cas on peut donc raisonner sur les molécules comme si c'étaient des volumes. C'est ce qui permet de dédoubler les volûmes simples d'oxygène, d'hydrogène, de chlore, d'azote, etc., sans toucher aux atomes qui demeurent insécables; c'est ce qui fait également comprendre qu'en rapportant la densité des vapeurs à l'oxygène, molécule *bi-atomique*, il faudra diviser leurs poids par une molécule entière d'oxygène, c'est-à-dire par 2.

Grouper les atomes d'après une loi mathématique d'équilibre et de symétrie, de façon à obtenir la molécule-type des corps, tel est le problème que M. Gaudin s'est proposé de résoudre. Il trouva ainsi, par voie de construction, « que la molécule réalise toujours un polyèdre géométrique régulier et que, connaissant la position de chaque atome dans ces polyèdres, on peut suivre en quelque sorte de l'œil les évolutions des atomes et se graver dans la mémoire, de façon à ne jamais l'oublier, la vraie forme de chaque molécule, qui revêt ainsi un symbole impérissable[1]. »

1. M. A. Gaudin, *Enseignement de la chimie par la morphogénie moléculaire et la cristallogénie* (Paris, 1865)

La formation des composés d'après les divers modes de groupement des corps élémentaires n'est qu'une autre manière d'envisager le problème de la constitution atomique de la matière.

La théorie des équivalents, à laquelle se rattache celle des atomes, repose sur une idée dualistique. Cette idée fut reprise et exagérée par Berzélius. Ce grand chimiste suppose à chacun des atomes deux pôles d'état électrique opposé et de très-inégale puissance : dans les uns c'est l'électricité positive, dans les autres, c'est l'électricité négative qui prédomine. Les corps non métalliques, considérés comme les plus électro-négatifs, occuperont l'un des côtés de l'échelle, et les corps métalliques occuperont l'autre, comme les plus électro-positifs. Les deux extrémités de cette échelle sont représentées par l'oxygène et par le potassium; l'hydrogène forme la limite qui sépare les corps électro-positifs des corps électro-négatifs. A ce point de vue, tous les composés se formeront binairement, quel que soit le nombre des éléments qui y concourent.

La *théorie électro-chimique* de Berzélius a pour point de départ un fait d'une incontestable réalité. Lorsqu'on soumet un sel à l'action de la pile, on le voit se partager en deux : l'acide ou le groupe non-métallique se rend à un pôle, pendant que la base ou le groupe métallique se rend à l'autre.

Mais cette théorie est loin d'expliquer tous les faits. Il y en a même qui la contredisent formellement. Vers 1834, M. Dumas et Auguste Laurent montrèrent que le chlore et l'hydrogène peuvent, dans certaines combinaisons, se substituer l'un à l'autre, quoique d'après la classification électro-chimique, le premier soit électro-négatif, et le second électro-positif. Cette *substitution* a lieu molécule par molécule, équivalent par équivalent. Elle a été depuis confirmée et généralisée.

Mais, en science comme ailleurs, on ne renonce pas facilement à ses idées. Si le fait est brutal, la théorie est opiniâtre. Berzélius a dit lui-même avec une parfaite justesse : « L'habitude d'une opinion fait naître la foi en sa réalité ; elle en voile les parties faibles et empêche l'esprit d'admettre les preuves contraires. » C'est ce que le célèbre chimiste aurait dû se rappeler lorsqu'il imagina son système des *radicaux* pour faire cadrer les faits nouveaux avec sa théorie. Presque tous ces radicaux composés, qui devaient jouer en chimie organique le rôle des éléments de la chimie minérale, étaient des corps fictifs, hypothétiques; mais ils étaient nécessaires pour justifier la polarité, le dualisme électrique des combinaisons. Avec des nombres donnés d'oxygène, de carbone, d'hydrogène et d'azote, on peut formuler une multitude de combinaisons diverses. Mais, ces combinaisons, très-réelles dans l'esprit de ceux qui les conçoivent, existent-elles réellement dans la nature? Là est toute la question. La pensée humaine et la pensée créatrice sont deux choses essentiellement distinctes, que l'imagination, renforcée par l'orgueil, tend toujours à confondre. Quel foyer d'erreurs!

La *théorie des substitutions* détrôna la théorie électro-chimique. Elle aussi eut pour point de départ l'expérience, mais, dans ses interprétations et dans ses rapprochements souvent heureux, elle a rencontré d'insurmontables difficultés; et là où il aurait fallu reconnaître son impuissance, on n'a fait que multiplier les hypothèses.

En remplaçant 3 atomes de l'hydrogène de l'acide acétique ($C^2H^4O^2$), par 3 atomes de chlore, on obtient un composé dérivé, également acide, l'*acide trichloracétique,* représenté par la formule $C^2H^1ClO^2$.

Forts de ce fait et de quelques autres analogues, les auteurs de la théorie des substitutions établirent en principe que « les propriétés fondamentales du dérivé sont identiques à celles du composé primordial. » Ils reprirent le mot radical, déjà employé par Lavoisier, ils divisèrent les radicaux en *fondamentaux* (noyaux) et en *dérivés,* et leur firent à tous, malgré leur composition, jouer le rôle de corps simples.

La théorie des substitutions, ainsi formulée, n'était donc que la doctrine des équivalents, envisagée à un autre point de vue : l'équivalence *qualitative* y remplaçait l'équivalence *quantitative*.

Mais bientôt surgirent des faits qui semblaient devoir immédiatement renverser le principe de la théorie des substitutions. Par la réaction du chlore sur la cinchonine, considérée comme radical, on obtint des dérivés indifférents qui ne partagent aucunement la propriété basique de la cinchonine. Le même fait se produisit pour les dérivés chlorés de l'aniline et pour les ammoniaques acides, décrits par Gerhardt.

Ce fut alors que, pour étayer un édifice mal assis, on eut recours à l'idée des *types*. Et comme, en suivant cette voie, il y aurait eu à la fin presque autant de types que de composés, il fallait songer à se restreindre. On essaya donc d'établir un certain nombre de types-noyaux ; tel est, par exemple le type *eau*, représenté par $\left.\begin{matrix}H\\H\end{matrix}\right\}O$; O (oxygène) restant invariable, les atomes HH (hydrogène) peuvent être remplacés par l'hydrate de potassium KH, par l'hydrate de sodium, NaH, par l'hydrate d'éthyle, etc., pour former la potasse, la soude, l'éther, etc. A côté du type eau venaient se ranger les types *hydrogène*, *acide chlorhydrique*, *ammoniaque*, etc.; c'était les types chimiques. M. Regnault leur substitua les *types mécaniques*, en réunissant dans un même groupe tous les corps qui renferment un égal nombre d'atomes, quelles que soient leurs propriétés fondamentales. Il y eut aussi les *types condensés* et les *types mixtes*, qui rappellent, par leur complication, les cycles et les épicycles du système de Ptolémée.

La théorie des types devait concilier la théorie des radicaux avec celle des substitutions. Y a-t-elle réussi? Non, évidemment, puisqu'elle n'est pas parvenue à réunir tous les suffrages, et qu'il y a de nombreux composés qui s'y refusent absolument. En l'absence d'une loi générale, on est libre, aujourd'hui comme autrefois, de choisir entre la formule *brute* qui se borne à donner les éléments d'un composé, abstraction faite de toute idée préconçue, et entre la formule *rationnelle* qui indique, par la disposition, souvent arbitraire des atomes, les principaux modes de réaction chimique.

Cependant nous ne devons pas passer sous silence une théorie dont M. Würz est aujourd'hui l'éloquent promoteur et qu'il a désigné sous le nom d'*atomicité*. S'il faut entendre par là « la puissance de combinaison des atomes, » il vaudra mieux l'appeler *combinativité*. Au premier abord, cette théorie n'offre aucun sens précis. On commence à la comprendre lorsqu'on tient la pensée qui l'a fait naître. Recherchant de quelle manière l'affinité rive les atomes les uns aux autres, ses partisans s'élèvent au-dessus de la théorie des types formée par la substitution. Voici les principes qu'ils tendent à établir : « Les atomes ne sont pas doués au même degré de la force qui préside aux combinaisons; — la diversité dans la manifestation de cette force, tantôt simple, tantôt multiple, donne lieu à différentes formes de combinaison ; — dans un composé donné, représentant une quelconque de ces formes, tous les atomes sont unis par une partie ou par la totalité des affinités qui résident en eux ; — enfin, cette affinité s'exerce non-seulement entre les atomes hétérogènes, mais encore entre les atomes de même nature[1]. »

La théorie de l'atomicité n'est qu'une expression rajeunie de la loi des proportions multiples. Les idées qui s'y rattachent tiennent le milieu entre les doctrines anciennes et les théories établies par Laurent et Gerhardt.

Chimie analytique et synthétique. — Applications. — Tout n'a pas été stérile dans les doctrines que nous venons de passer en revue. En établissant une marche parallèle entre la décomposition et la recomposition des corps organiques, on a ouvert à la science une voie nouvelle. C'est dans cette voie qu'est entré résolûment M. Berthelot. Mais avant de mentionner les travaux de ce chimiste,

1. A. Würtz, *Leçons de philosophie chimique*, p. 221 (Paris, 1864).

plein d'avenir, nous allons dire un mot de l'origine et du progrès de la chimie organique.

Les anciens chimistes cherchaient à analyser les matières organiques, végétales ou animales, en les chauffant dans un simple appareil distillatoire. Ils obtenaient ainsi un résidu solide, des liquides, qui avaient passé à la distillation, et des produits gazeux, qui s'étaient volatilisés. Ce résultat était, en effet, conforme à la théorie ancienne, d'après laquelle la terre, l'eau, l'air et le feu constituaient les quatre éléments de la nature : le résidu solide (charbon) représentait la terre; les liquides (eau, huile de goudron, vinaigre, esprit de bois, etc.) figuraient l'eau; les gaz (acide carbonique, oxyde de carbone, carbures d'hydrogène, etc.), l'air. Quant au feu, il passait pour l'invisible lien de tous les corps combustibles.

Comme les matières organiques, traitées par ce procédé, donnent des résultats à peu près identiques, on comprendra facilement combien le champ de l'analyse devait être restreint. Mais depuis la découverte de l'oxygène, la méthode analytique fut radicalement changée. Ce fut encore Lavoisier qui contribua particulièrement à ce changement heureux en employant l'oxygène, à l'état d'oxyde métallique, pour brûler le carbone et le convertir en gaz acide carbonique. Ce gaz était recueilli sur de la potasse dans un appareil analogue à celui que l'on connaît sous le nom d'appareil de Woulf[1]. L'augmentation du poids de la potasse indiquait la quantité d'acide carbonique absorbé.

Ce procédé d'analyse fut perfectionné par Thenard, Gay-Lussac et Berzélius. Le carbone y continue à être dosé comme l'avait indiqué Lavoisier; et l'hydrogène de la matière organique se sépare en même temps à l'état d'eau qui est absorbée par du chlorure de calcium. Le gaz azote, si la matière en contient, se sépare à l'état naturel; les sels alcalins, terreux et métalliques, s'il y en a, restent sous forme de cendres. L'oxygène est dosé par voie de soustraction.

La composition de l'eau et de l'acide carbonique étant connue, il sera facile d'évaluer en poids les quantités de carbone et d'hydrogène contenues dans la matière soumise à l'analyse. Quant à l'azote, insoluble dans la solution de potasse où est reçu et absorbé le gaz acide carbonique, il déplace son volume de liquide; d'où il est ensuite aisé de réduire son volume en poids. Ce procédé, qui exige beaucoup de détails et de précautions, a été perfectionné par MM. Liebig, Dumas, Woehler et d'autres chimistes habiles.

On reconnut ainsi que l'oxygène, l'hydrogène, le carbone et l'azote, enfin que les quatre éléments

1. *OEuvres de Lavoisier*, t. III (Paris, 1865).

de la nature organique, vivante, continuent d'obéir à la loi des proportions définies. Cet important résultat fut particulièrement mis en lumière par les recherches de M. Chevreul sur les corps gras. Le célèbre doyen des chimistes démontra que « les substances organiques, quelle que soit la variation apparente de leurs propriétés, peuvent toujours être représentées par le mélange et l'association en proportion indéfinie d'un certain nombre de principes immédiats définis. »

La découverte des premiers alcaloïdes par Pelletier et Caventon, l'étude théorique des alcools et des éthers par M. Dumas, la connaissance plus approfondie des phénomènes de la distillation sèche des acides organiques, élargirent, il y a quarante ans, la base de la chimie organique. Les disciples ont suivi les traces des maîtres, et la voie du progrès va en s'élargissant.

Depuis une dizaine d'années, la manière d'envisager la constitution moléculaire des corps s'est considérablement modifiée; aux préoccupations de l'analyse ont succédé celles de la *synthèse*. La synthèse est à l'analyse ce que le calcul intégral est au calcul différentiel; mais elle a encore une autre portée.

Les forces chimiques qui régissent la matière organique sont-elles, dans certaines limites, identiques avec celles qui régissent la matière minérale? La synthèse a répondu affirmativement. La même question avait été jadis résolue négativement par l'intervention de la force vitale dans la formation des composés organiques, et cette solution était acceptée comme un article de foi jusqu'au moment où Wœhler obtint en 1829, artificiellement, par la distillation du cyanate d'ammoniaque, une matière qui existe naturellement dans l'urine de l'homme; cette matière c'est l'urée. On savait déjà, il est vrai, que l'amidon, traité par l'acide sulfurique, donne un sucre tout semblable à celui qui existe dans les raisins, que le peroxyde de manganèse, chauffé avec de l'acide sulfurique et de la sciure de bois, produit le même acide que sécrète la fourmi (acide formique); enfin on savait, depuis Bergmann et Scheele, qu'en traitant le sucre de canne par l'acide nitrique, on engendre un acide, que la nature produit dans l'oseille (acide oxalique).

Mais ces données n'avaient encore causé à l'esprit qu'une surprise stérile. Pourquoi demeurèrent-elles si longtemps infécondes? Il faut en chercher la cause dans les considérations suivantes qui formaient en quelque sorte l'opinion commune des chimistes.

Nous avons beau, se disaient-ils, plonger une plante dans un mélange d'oxygène, de carbone, d'hydrogène et d'azote, elle ne s'assimilera aucun de ces éléments : la plante périra, faute de nourriture convenable. Il faut les lui présenter à l'état d'eau, d'acide carbonique, d'humus, d'engrais, etc., pour qu'elle puisse continuer à vivre. Ces matières deviendront à leur tour inutiles, si les conditions ou les circonstances qui les accompagnent ne sont plus les mêmes : tout mouvement organique serait arrêté, sinon détruit, si les conditions ordinaires de la température, de la pression atmosphérique, de l'état électrique de l'air, de la lumière, de la pesanteur, venaient à changer. Ce qui est vrai pour les végétaux, l'est à plus forte raison pour les animaux. Il est impossible de nous nourrir avec du charbon, avec de l'acide carbonique, avec de l'eau, avec du nitrate d'ammoniaque, lors même que ces substances seraient données exactement dans les mêmes proportions qui entrent dans la composition de la viande. Le travail vital de l'assimilation ne peut s'effectuer qu'avec des substances tirées, soit du règne végétal, soit du règne animal, c'est-à-dire avec des substances qui ont déjà servi à l'entretien de la vie, et la vie elle-même ne continue à se manifester, qu'autant que les agents physiques environnants se maintiennent dans leur état actuel. Puis, au problème de la vie vient se joindre un autre problème, non moins difficile à résoudre, celui de *l'espèce* et de *l'individualité.* La vigne tire le jus de ses grappes du même sol d'où la belladone tire son poison. Le pavot qui fournit l'opium, croît à côté de nos plantes potagères. Le poison qui nous tue et l'aliment qui nous fait vivre, ne diffèrent l'un de l'autre que par un peu plus ou moins d'oxygène, d'hydrogène, de carbone et d'azote.

Ces considérations n'étaient guère propres à encourager l'esprit de recherche. Elles étaient, de plus, corroborées par des chimistes d'une incontestable autorité. Voici ce que disait, en 1847, Berzélius, peu de temps avant sa mort : « Dans la nature vivante, les éléments paraissent obéir à des lois tout autres que dans la nature inorganique.... Si l'on parvenait à trouver la cause de cette différence, on aurait la vraie théorie de la chimie organique ; mais cette théorie est tellement cachée, que nous n'avons aucun espoir de la découvrir, du moins quant à présent. »

Cependant la théorie que Berzelius trouvait « si cachée, » existe : elle a pour point de départ les *carbures d'hydrogène*. Ce point de départ n'a rien d'hypothétique : ce n'est pas par des rapprochements de formules illusoires, mais par des décompositions réelles, que tout se ramène aux carbures d'hydrogène, de différents degrés de condensation, ce qui veut dire que ces composés peuvent, sous un même volume, renfermer des quantités différentes d'hydrogène et de carbone.

En partant des carbures d'hydrogène, on obtient les *alcools* par une simple fixation de l'oxygène ou de l'eau. Par exemple, en oxydant le gaz des marais, C^2H^4, on a l'alcool méthilique, $C^2H^4O^2$.

Mais là ne s'arrête pas la série synthétique des transformations. En enlevant de l'hydrogène aux alcools, on engendre les *aldéhydes*, groupe remarquable de composés organiques, parmi lesquels nous citerons l'essence d'amendes amères et le camphre. En oxydant les alcools au delà de la proportion correspondante aux aldéhydes, on produit toute une classe d'*acides* fort importants, tels que l'acide acétique, l'acide lactique, l'acide benzoïque, etc. Par la réaction des acides sur les alcools, on obtient les *éthers composés;* celle des alcools entre eux donne les *éthers mixtes*, et à ce genre de composés ternaires, formés de carbone, d'hydrogène et d'oxygène, viennent se joindre les *phénols* et les *acétones*.

Il ne manquait plus que de fixer l'azote pour avoir les composés quaternaires. On y arrive en partie par l'action de l'ammoniaque. En faisant réagir cet alcali sur les acides on produit artificiellement les *amides;* en le faisant réagir sur des matières oxygénées, jouant le rôle d'alcools ou d'aldéhydes, on fait de toutes pièces quelques *alcalis organiques*, tels que la leucine, la glycollamine, l'urée. Mais la synthèse de la quinine, de la morphine de la strychnine, de la digitaline, enfin du plus grand nombre des alcaloïdes, a jusqu'ici résisté à toutes les tentatives par les moyens connus. Cet insuccès tient, suivant M. Berthelot, plutôt à l'imperfection des analyses qui ne donnent que des formules brutes qu'à l'impuissance des méthodes synthétiques. « Aussi n'est-il pas téméraire de prédire, dès à présent, que la réalisation de ces synthèses capitales pourra être obtenue par la combinaison de l'ammoniaque avec certains principes oxygénés. Ce qui est vrai pour les alcalis organiques, peut s'appliquer à tous les corps d'origine animale, tels que l'albumine, la fibrine, l'osséine, etc., qui jouent un si grand rôle en anatomie et en physiologie. D'après leurs réactions on est fondé à considérer tous ces principes comme des amides; mais leur analyse est trop imparfaite pour que leur synthèse puisse être entreprise dans l'état actuel de nos connaissances[1]. »

Il ne faut jamais désespérer de rien; c'est le moyen de toujours aller en avant. Mais dans cette marche progressive ne rencontre-t-on pas des limites infranchissables? Ne sont-ce que les forces du monde minéral qui déterminent la formation du tissu vivant, de l'utricule végétal, des corpuscules du sang, etc.? Avec quel mouvement s'engrène celui de l'embryon au sein de l'ovule ou de la graine?

1. M. Berthelot, *Leçons sur les méthodes générales de synthèse en chimie organique* ; Paris, 1864, p. 36.

Il y a un fait qui domine toute conception de méthode, tout le cycle des homologues, c'est *l'instabilité* ou la *mobilité extrême* des éléments de tout ce qui a vie. Dès que le sang est sorti de la veine il commence à s'altérer. A l'aide du microscope on y aperçoit encore le mouvement de ces corpuscules ronds, aplatis, colorés, qui nagent dans un liquide incolore. L'analyse *oculaire* donne ici des caractères qu'aucune analyse chimique ne pourrait fournir. Mais dès qu'on touche le sang par quelque réactif ou par des moyens propres à en extraire les principes immédiats, on met fin à son existence de corps *organisé :* les molécules élémentaires, jusqu'alors si mobiles, se grouperont de manière à donner naissance à des composés *organiques* plus stables. Cependant ces composés, tels que l'albumine et la fibrine, ne possèdent pas encore la stabilité des composés *minéraux*. Un nouveau mouvement va s'emparer de leurs molécules : par une simple exposition à l'air humide, la fibrine, l'albumine, etc., se transformeront en ammoniaque, en acide carbonique, en hydrogène sulfuré, etc.

C'est ce dernier mouvement qui aura définitivement raison de tout corps organisé, aussi bien que de toute substance organique, provenant d'un être qui a cessé de vivre.

Il y a dans tout cela une gradation manifeste. Or, prétendrez-vous que cet état d'équilibre instable, temporaire, où se trouvent les molécules de la matière vivante, est identique avec l'état d'équilibre stable, définitif, des molécules de la matière minérale, et que la force qui régit le premier, est la même que celle qui préside au second? Mais une pareille prétention serait insoutenable. Direz-vous alors que le mouvement moléculaire instable est une transformation du mouvement moléculaire stable? Vous le pouvez; mais vous ne serez guère plus avancé que lorsque vous dites que la lumière est une transformation de la gravitation universelle.

Rien n'est plus nuisible au progrès que les mots qui n'éclaircissent point les faits. Que signifient, au vrai, les mots *catalyse, action de présence* ou *de contact, action des petites quantités*, etc. Nous connaissons les faits, mais leur intelligence, c'est-à-dire le fil qui les lie les uns aux autres, nous échappe. L'acide sulfurique transforme l'amidon en dextrine sans former de combinaison. Un peu de gluten altéré change une énorme quantité d'empois en sucre. Dire que ce sont des phénomènes *catalytiques*, cela ne fait pas avancer la science d'un pas.

Quoi qu'il en soit, les travaux de chimie synthétique de M. Berthelot ouvrent à la science une ère nouvelle. Sans doute ils ne sont pas tous d'une application industrielle immédiate, mais ils ont une grande portée philosophique. On ne parviendra peut-être jamais à fabriquer industriellement de l'alcool avec le gaz d'éclairage, comme on est parvenu à faire avec des graisses la bougie stéarique, à extraire de l'huile de goudron l'aniline, cette matière tinctoriale devenue si importante, grâce aux travaux de M. Hoffmann, ou à produire des pierres artificielles par un procédé de silicatisation, auquel M. Kuhlmann a attaché son nom.

N'oublions pas, dans cette liste, les allumettes chimiques. Celui qui découvrit le phosphore ne se doutait guère de l'immense profit qu'en retirerait un jour l'industrie[1].

1. Un mot sur cette découverte, dont l'histoire a été racontée par Boyle et par Kunckel (né en 1612, mort en 1702). Un savant saxon, le baillif Baudouin, avait entrepris de fixer l'esprit du monde au fond d'une cornue. A cet effet, il chauffa au blanc un mélange de craie et d'esprit de nitre. Un jour la cornue fut brisée : l'opérateur remarqua avec surprise que la croûte blanche, qui était au fond, luisait dans l'obscurité après avoir été exposée aux rayons du soleil. C'était le *phosphore* de Baudoin (nitrate de chaux phosphorescent). Le nom grec de *phosphoros* (c'est-à-dire *porte-lumière*), vient du baillif saxon, qui communiqua son secret à Kunckel. Celui-ci emporta un de ces tessons luisants à Hambourg. Là il apprit qu'un certain docteur Brandt savait aussi préparer un corps luisant dans l'obscurité. Mais Brandt refusa de communiquer son secret à Kunckel; il le vendit à un nommé Krafft qui passa en Angleterre, où il gagna beaucoup d'argent en faisant voir son phosphore comme une curiosité. Boyle rencontra Krafft à la cour de Charles II, « montrant à Sa Majesté deux espèces de phosphores; l'un était solide, l'autre liquide; celui-ci me paraissait, ajoute-t-il, n'être qu'une dissolution du premier. »

Krafft ne donna à Boyle aucune indication précise, si ce n'est que « la matière principale de son phosphore était quelque chose

Pendant que la chimie organique opère à de basses températures, pour produire des synthèses, la chimie minérale continue de perfectionner ses anlyses à l'aide de températures aussi élevées que possibles. C'est la voie que M. H. Sainte-Claire Deville suit avec beaucoup de succès.

L'alumine, qui forme la presque totalité de l'argile ou de la terre glaise, est un oxyde métallique. Quelle puissance de décomposition n'a-t-il pas fallu pour parvenir à en extraire le métal ! — L'*aluminium* unit la couleur et l'éclat de l'argent à la légèreté du verre ; en s'alliant au cuivre il acquiert une grande dureté et offre de nombreuses applications industrielles. Naguère encore, on préparait péniblement l'aluminium dans un petit creuset, pour en montrer des échantillons dans quelques cours de chimie. Aujourd'hui on le fabrique en fonte à réverbères, où l'on introduit deux à trois cents kilogrammes d'alumine. Celle-ci est réduite par le sodium, que l'on jette au milieu des flammes d'un foyer des plus ardents. La fabrication du sodium en grand devait précéder et rendre possible celle

qui appartenait au corps humain. » L'indication, fournie à Kunckel, était moins vague : il savait que Brandt « avait travaillé sur les urines pour en retirer son phosphore. » Quoi qu'il en soit, ces indications suffirent à l'un et à l'autre pour extraire le phosphore proprement dit de l'urine humaine putréfiée. Kunckel cacha son procédé; Boyle publia le sien. C'est donc à Boyle que revient réellement l'honneur de la découverte du phosphore.

de l'aluminium. — La loi de la solidarité se retrouve même en chimie.

A raison de son innocuité et de son inaltérabilité à l'air, l'aluminium peut remplacer avantageusement le cuivre et l'étain dans l'économie domestique. Il peut servir aussi, comme métal d'art, dans la bijouterie. La fabrication de l'aluminium est une métallurgie sortie du laboratoire.

L'industrie métallurgique du fer a éprouvé, depuis une douzaine d'années, de notables changements. Les efforts qu'on a tentés pour faire passer la fonte (procédé Bessemer), ou le minerai (procédé Chenot) directement à l'état d'acier, ont été, en partie, couronnés de succès. La consommation croissante du fer et de l'acier, ce pain de l'industrie, continuera, nous n'en doutons point, à stimuler encore l'esprit de découvertes.

Après l'or, l'argent, le fer, l'étain, le zinc, le cuivre, le plomb, le mercure, connus depuis l'antiquité, l'aluminium est le seul métal qui se soit le mieux prêté aux applications industrielles. A l'exception du platine, découvert en 1740, tous les autres métaux, savoir: l'*antimoine*, décrit au quinzième siècle par Basile Valentin, le *bismuth*, mentionné au seizième siècle par Paracelse, le *cobalt* et l'*arsenic*, obtenus à l'état métallique, en 1733, par Brandt, le *nickel*, découvert en 1751 par Cronstadt, et qui se rencontre, associé au cobalt, dans presque tous les météorites, le *chrôme*, découvert en 1797 par Vauquelin, le *molybdène*, obtenu pour la première fois à l'état métallique, en 1782, par Cronstadt, le *palladium* et le *rhodium*, découverts en 1803 et 1804, par Wollaston, le *cadmium*, découvert en 1818 par Hermann, tous ces métaux, quelque intéressants qu'ils soient pour le chimiste, n'ont jamais pu acquérir la valeur industrielle de l'aluminium. Nous en dirons autant des autres corps métalliques ou métalloïdes, dont voici les noms, suivis de l'indication de l'époque de leur découverte : *manganèse*, obtenu à l'état métallique en 1774 par Gahn et Bergmann; *cerium*, extrait en 1803 de la cérite, par Kaproth, Hizinger et Berzélius; *columbium*, découvert en 1803, par Hatchett, et presque en même temps par Ekeberg, qui l'appela *tantale* (Wollaston constata, en 1809, l'identité du tantale d'Ekeberg avec le columbium); *iridium*, découvert en 1803 par Tennant et Descotils; *osmium*, en 1830, par Tennant; le *ruthènium* qui, avec l'osmium, l'iridium, le rhodium et le palladium, accompagne presque toujours le platine dans ses minerais; *tungstène*, retiré du wolfram par les frères d'Elhuyart à la fin du dernier siècle; *vanadium*, découvert en 1801 par Del Rio, sous le nom d'*erythronium*, et extrait, en 1830, d'un minerai de fer, par Sefstroem, qui lui donna le nom qu'il porte; *titane*, découvert en 1791, par Grégor, dans la ménacanite, d'où lui vint d'abord le nom de *ménakane; bore*, découvert en 1809 par Gay-Lussac et Thenard; *silicium*, entrevu par Lavoisier, isolé en 1809 par Berzélius.

Le *sélénium*, découvert en 1817 par Berzélius, accompagne presque toujours l'un des métalloïdes les plus usités et les plus connus de temps immémorial, le soufre. Le *carbone* cristallisé était de toute antiquité mis à un haut prix, sous le nom de diamant; sa véritable nature ne fut reconnue qu'en 1787. Quant au groupe de corps, comprenant le *chlore*, l'*iode* et le *brôme*, découvert en 1826 par M. Balard, il offre un intérêt tout particulier. Ces corps se ressemblent tellement par leurs propriétés, qu'ils ont servi de type à une classification des éléments par famille naturelle[1]. La sensibilité que présentent leurs sels d'argent au contact de la lumière, a donné lieu à une des plus grandes découvertes de notre siècle, la *photographie*. Elle a donné naissance à un art que l'on cherche tous les jours à perfectionner. Peut-être, grâce aux travaux *héliochromiques* de M. Niepce de Saint-Victor, parviendra-t-on à fixer les objets avec leurs couleurs naturelles.

L'*hydrogène*, le plus léger des gaz, fut, peu de

1. Voyez nos *Éléments de chimie minérale*, ouvrage dans lequel les corps sont classés par familles naturelles; Paris, 1841, in-8°.

temps après sa découverte, employé pour gonfler les ballons aérostatiques. Et comme ce gaz fait partie constitutive de l'eau, on a plus d'une fois songé à s'en servir comme d'un moyen d'éclairage économique, en rendant artificiellement à sa flamme l'intensité lumineuse qui lui manque.

L'azote, qui se retrouve dans tous les engrais dont l'ammoniaque est la base, a singulièrement exercé l'esprit des chimistes agronomes. Quel est son rôle dans la végétation? Dans quel état et comment s'absorbe-t-il? On a émis l'opinion que l'azote de l'atmosphère n'est absorbée par les végétaux que par l'intermédiaire d'une nitrification préalable, effectuée dans le sol. M. G. Ville, d'accord avec d'autres chimistes, a montré que l'azote de l'air peut être directement absorbé par les végétaux; et, par une série d'expériences, il est parvenu à établir « que pour les céréales particulièrement pendant leur jeunesse, l'azote atmosphérique est insuffisant et que, pour obtenir des récoltes abondantes, il est indispensable de donner au sol des matières azotées (nitrates et sels ammoniacaux). »

Les propriétés vivifiantes de l'*oxygène* avaient fait espérer un moment, qu'on avait enfin trouvé le vrai spécifique contre les maladies de poitrine, qui font tant de victimes. Mais, après un certain nombre d'essais, peut-être insuffisamment variés, on a renoncé à l'usage médical de l'oxygène comme à celui du chlore. Descartes avait mis toute son espérance, non dans la philosophie, mais dans la médecine pour découvrir le secret de l'amélioration du genre humain. S'il avait vécu à notre époque, qu'aurait-il pensé de la chimie?

Nous ne ferons que nommer les métaux qui, depuis l'emploi de la méthode analytique de Davy, ont été extraits des substances terreuses ou des terres alcalines; ces métaux sont: le *lithium*, le *calcium*, le *baryum*, le *strontium*, le *magnésium*, le *glucium*, le *zirconium*, le *thorium*, l'*yttrium*, le *lanthane*, le *didyme*. Ils sont, pour la plupart, très-rares ou difficiles à obtenir. Nous passons sous silence ceux dont l'existence est encore douteuse, ou dont l'étude, à cause de leur rareté extrême, est incomplète.

Une chose digne de remarque, c'est que la presque totalité de la croûte terrestre est formée par des oxydes métalliques. Si donc, par une action réductive quelconque, la potasse, la soude, la chaux, l'argile, la silice, l'ocre, etc., revenaient à l'état de métaux, non-seulement toute vie disparaîtrait du globe, mais notre planète, ainsi plaquée, devrait singulièrement resplendir dans l'espace. Qui sait si certaines planètes ne se trouvent pas dans un état semblable?

Analyse spectrale. — Depuis l'usage de la pile, l'analyse chimique semblait avoir dit son dernier mot. Quel ne fut l'étonnement de ceux qui partageaient cette croyance, lorsqu'on vint tout à coup leur annoncer que la lumière qui nous met en rapport avec les astres, ces atomes du ciel, nous donne aussi le moyen de pénétrer jusqu'aux entrailles de la matière, jusqu'aux atomes de la terre.

Un mot sur cet événement scientifique.

L'origine, le développement et la mise au jour d'une découverte forment les vrais éléments du drame philosophique du progrès. L'arc-en-ciel qui, suivant la Genèse, indique aux hommes qu'il n'y aura plus de déluge, les sollicita vainement depuis Noé jusqu'à Newton, à étudier les mystères de la lumière. Les physiciens de l'antiquité et du moyen âge ont beaucoup discuté sur les couleurs sans avoir jamais pu s'entendre, et ils ont même fini, chose rare, par se rendre justice à eux-mêmes; car c'est des physiciens et des peintres que vient sans doute ce fameux adage : *De gustibus et coloribus non est disputandum.*

Platon paraît avoir le premier entrevu la composition de la lumière; mais il croyait qu'on ne parviendrait jamais à la démontrer. « Oui, s'écriait-il, si quelqu'un espérait rendre compte de cet admirable mécanisme (la formation de la lumière blanche par la réunion des couleurs), il ferait voir par là qu'il ignore entièrement la différence qui existe entre le pouvoir de l'homme et le pouvoir de

Dieu. En effet, Dieu, peut réunir plusieurs éléments, pour en faire un composé, et les séparer ensuite comme il lui plaît, parce qu'il sait tout et peut tout en même temps. Mais il n'y a point d'homme aujourd'hui, et il n'y en aura peut-être jamais qui puisse venir à bout de faire une œuvre aussi difficile. »

Eh bien, ce qui paraissait impossible à Platon, Newton l'a fait. Au commencement de 1666, ce grand observateur entreprit d'étudier la lumière à l'aide d'un moyen fort simple. On sait qu'en faisant passer à travers un prisme de verre un rayon de lumière dans une chambre obscure, on voit, sur le mur opposé à la petite ouverture, se dessiner une série de rayons colorés : c'est le spectre solaire. Le rouge et le violet, le moins et le plus réfrangible de ces rayons, forment les deux extrêmes visibles du spectre. A partir du rouge, on remarque l'orangé, le jaune, le vert, le bleu et l'indigo, ce qui fait sept couleurs, disposées dans le même ordre que celles de l'arc-en-ciel. En imprimant à ces couleurs un mouvement de rotation rapide, on reproduit la lumière blanche, ordinaire.

Mais Newton fut loin d'avoir épuisé ce mystérieux sujet. Par ses travaux, il ne fit qu'ouvrir un champ de découvertes dont nous ne voyons pas encore la fin; tant il est vrai que la nature renferme infiniment plus de secrets qu'elle n'en montre à des passants éphémères. C'est ici qu'apparaît cette impuissance humaine dont parlait Platon.

Plusieurs générations passèrent avant que l'attention des physiciens fût attirée par les lignes ou raies noires qui traversent les rayons colorés du spectre. Un compatriote de Newton, Wollaston, les signala le premier au commencement de notre siècle (en 1802). Quelques années plus tard, un habile opticien de Munich, Fraunhofer, en fit une étude approfondie. Il en découvrit environ six cents, et pour se reconnaître dans ce nouveau labyrinthe, il en distingua les principaux groupes par les huit premières lettres de l'alphabet, et imagina de numéroter les rayons colorés par les rayons noirs. Plus tard, Brewster en compta jusqu'à deux mille; il remarqua en même temps que leur nombre varie suivant l'épaisseur des couches de l'air que les rayons traversent, de façon que le plus grand nombre s'observe quand le soleil est très-bas et très-près de l'horizon, c'est-à-dire dans la saison de l'hiver et aux heures du matin et du soir.

Ces raies n'ont pas toutes la même origine. Les unes sont constantes, les autres n'apparaissent que passagèrement aux approches d'un orage, pendant des brouillards, une forte averse, etc. Les premières, qu'on retrouve dans la lumière de la lune et des planètes, ont leur source dans le soleil. L'origine des secondes, appelées *telluriques*, a été attribuée au pouvoir absorbant de l'atmosphère terrestre. Mais les spectres des étoiles fixes ne sont plus identiques avec notre spectre solaire. Ainsi, la lumière de Sirius diffère de notre lumière solaire en ce qu'elle ne présente aucune ligne noire dans le jaune et l'orangé; et qu'elle en offre deux dans le bleu, et une, très-marquée, dans le vert. Des observations analogues ont été faites pour la lumière de Castor, de Pollux, de la Chèvre, de Betelgeuse, etc. Et on en tira la conclusion que les étoiles sont des sources de lumière indépendantes.

Cette conclusion élargit singulièrement le champ des expériences. En essayant de varier artificiellement les sources de lumière, on parvint à constater que les corps solides ou liquides en ignition donnent un spectre uniforme, sans raies brillantes, ni obscures, tandis que les gaz ou les substances volatiles produisent un spectre à lignes brillantes où certaines couleurs prédominent. C'est là le secret de l'analyse spectrale, dont les premiers indices se rencontrent, dès 1826, dans les travaux de F. Talbot et de Wheatstone; et plus tard, dans les recherches de A. Miller, Masson, Angstrœm, Stokes, Swan, etc.

Il ne restait plus qu'un dernier pas à faire pour mettre au jour l'une des plus belles découvertes de notre temps. C'est à MM. Kirchhoff et Bunsen qu'en revient l'honneur. En montrant la corrélation qui existe entre les raies noires de la lumière décomposée, et les lignes brillantes, colorées, qui caractérisent les métaux, ils mirent entre les mains du chimiste, non-seulement un nouveau moyen d'analyse, mais ils laissèrent entrevoir la possibilité de porter la science des atomes bien au delà des limites de notre monde. Voici comment.

La flamme est un gaz incandescent. Comment y introduire un métal à l'état de chlorure? Le chlore a la propriété de rendre volatils les métaux les plus réfractaires, avec lesquels il se combine. Or, il suffit d'une quantité imperceptible de chlorure pour déterminer, dans la flamme du bec à gaz de Bunsen, une coloration caractéristique. On y introduit le chlorure, en fixant une petite perle du sel dans un fil de platine recourbé en anneau. C'est ainsi que le sodium produit une raie jaune à la place de la raie noire D de Fraunhofer. Et ce moyen est tellement sensible qu'un grain de sel, projeté dans l'air de la chambre où se fait l'expérience, est suffisant pour donner presque immédiatement la réaction indiquée. On a calculé que l'œil arrive par là à saisir la présence de près d'un millionième de milligramme de soude. Un rayon de soleil serait donc apte à trahir, sur son passage, une infinitésimale de sel marin. Voilà comment on est parvenu à constater que le chlorure de sodium, indispensable à la vie de tous les êtres, est universellement répandu dans l'air que nous respirons, dans l'atmosphère qui de toute part enveloppe notre globe.

Les métaux, qui accompagnent le plus communément le sodium, sont le lithium, le potassium, le calcium, le strontium et le baryum. Le premier donne une raie rouge et une faible raie jaune; le deuxième, une raie rouge à la place de la raie A de Fraunhofer; le troisième est caractérisé par une belle raie verte qui manque dans le strontium; le quatrième offre une ligne bleue et une large raie orangée; le cinquième donne un spectre composé de raies vertes, jaunes, rouges. Le fer produit plus de soixante lignes brillantes, correspondant à des raies noires du spectre solaire. Le cuivre détermine des lignes alternativement brillantes et sombres. Le mercure, l'or, l'argent, etc., offrent aussi des réactions caractéristiques, rendus sensibles à la vue par la couleur, la forme et la succession des raies ainsi que par les variations de ton et de nuance, d'éclat et d'ombre, et par les limites plus ou moins nette des lignes colorées.

Quand, après avoir ainsi passé en revue tous les corps simples de la chimie, on tombe tout à coup, pendant l'analyse d'une matière, sur une réaction spectrale, non encore notée, on pourra être sûr de se trouver en présence d'un corps inconnu. Voilà comment furent successivement découverts plusieurs métaux nouveaux.

M. Bunsen remarqua, à la fin de 1860, qu'une goutte des eaux-mères de la saline de Durkheim produisit, dans la flamme de l'appareil spectral, deux raies bleues, qui n'appartenaient à aucun des métaux jusqu'alors connus; il parvint à isoler le corps qui donnait cette réaction, et le nomma *cœsium*, du latin *cœsius*, bleu. Un autre corps métallique, le *rubidium*, fut trouvé par le même savant dans le lépidolithe, espèce de minéral à base de lithine : il est caractérisé par deux belles lignes rouges. Un peu plus tard, un chimiste anglais, M. Crookes, obtenait, avec des parcelles de pyrite, une raie verte très-intense; ce fut encore l'indice d'un corps nouveau, qui reçut le nom de *thallium*, du grec *thallo*, je verdis. Le *cœsium*, le *rubidium* et le *thalium* se rangent, par leur avidité pour l'oxygène, à côté du potassium et du sodium. On ne les a jusqu'ici rencontrés que très-parcimonieusement répandus dans la nature.

Mais la matière terrestre, qui paraît se retrouver dans la charpente du soleil et des planètes, entre-t-elle aussi dans la composition de ces mondes qui, à cause de leur incalculable distance, ne nous apparaissent que comme des points scintillants? Des expérimentateurs habiles ont entrepris de répondre à cette question que les philosophes les plus hardis auraient taxée naguère de folie ou d'aberration de l'orgueil humain.

Par la méthode de l'observation simultanée, en comparant les spectres des étoiles avec ceux des substances terrestres, MM. Huggins et Miller sont parvenus à constater que Sirius, la plus brillante étoile de notre ciel, Aldébaran ou l'œil du Taureau, Bételgeuse ou l'Alpha de la belle constellation d'Orion, ainsi que d'autres étoiles de première grandeur contiennent du sodium, du magnésium, du calcium, du fer, tous métaux très-communs sur notre globe à l'état d'oxydes.

L'observation des étoiles multiples nous porte à croire que la gravitation est réellement universelle dans toute l'acception du mot. La matière aussi est-elle universelle, en d'autres termes, les mêmes substances qui composent notre monde sont-elles répandues dans tout l'univers? L'analyse des météorites, jointe à l'analyse spectrale, pourra peut-être un jour nous éclairer sur ce sujet formidablement grand. Ces corps pierreux et métalliques qu s'allument soudain dans notre atmosphère, et qu viennent, comme une pluie cosmique, tomber à l surface terrestre : les bolides, les météorites, le aérolithes, etc., que sont-ils? Peut-être des parcelle de mondes détruits ou de mondes naissants; car pour sauver l'unité de plan de la création, il faudr admettre que la naissance et la destruction ne son que des points d'inflexion d'une même ligne brisée. Ce qu'il y a de certain, c'est que ces pierres cosmiques n'ont jusqu'ici fourni à l'analyse aucun élément nouveau. Les métaux magnétiques, le nickel, le cobalt et le fer, qui s'y trouvent, font partie de la charpente de notre globe. Quant au graphite, que plusieurs météorites renferment, il peut faire supposer la destruction d'êtres vivants, appartenant à d'autres mondes, et qui contenaient du carbone comme nos plantes et nos animaux.

Photochimie. — Quand une fois on s'est attaché à l'étude de la lumière, on ne peut plus la quitter, tant on y trouve d'attraits et de mystères. Nous avons vu comment les rayons noirs du spectre solaire peuvent servir de moyens d'analyse. Mais les rayons colorés forment eux-mêmes toute une échelle de réactifs, dont le plus sensible coïncide avec le violet ou avec des points situés un peu au delà du rayon le plus réfrangible. Cette zone invisible, découverte par Wollaston, porte le nom de *spectre chimique*. C'est là que se passe, dans leur plus grande intensité, une multitude de phénomènes de composition et de décomposition plus ou moins lents, qu'on avait indistinctement attribués à l'action de la lumière.

Parmi les exemples les plus connus, nous citerons la sensibilité de certains composés photographiques, la décomposition de l'acide carbonique de l'air par les feuilles, et le mélange de chlore et d'hydrogène qui, sous l'action directe des rayons du soleil, se change, avec détonation, en acide chlorhydrique. Ces phénomènes de transformation, dus à l'action chimique de la lumière sont universellement répandus dans la nature; ils s'engrènent avec la vie des animaux et des plantes; ils varient d'intensité et d'étendue, suivant un grand nombre de circonstances particulières, encore très-imparfaitement connues. Leur étude, qui date de nos jours, forme une des branches les plus importantes de la chimie, la *photochimie*.

Dans ces derniers temps, M. H. Roscoe et l'infatigable M. Bunsen se sont proposé d'examiner les modifications et les effets chimiques que la surface du globe est susceptible de recevoir, soit des rayons directs du soleil, soit de la lumière diffuse. Ces recherches, extrêmement délicates, exigeaient des moyens d'expérimentation nouveaux et ingénieusement variés. Ils parvinrent ainsi à constater que l'action chimique de la lumière, la photochimie, varie suivant la constitution géologique et l'état cultural du sol, suivant l'obliquité diurne et annuelle des rayons, suivant les heures du jour, suivant les latitudes et les saisons. Les effets les plus intenses paraissent se manifester aux environs des solstices.

Afin de coordonner ces phénomènes, ne pourrait-on pas réunir les points d'égalité par des lignes, comme on l'a fait pour la distribution de la chaleur à la surface terrestre? On aurait ainsi un réseau de *lignes isophotochimiques*, diurnes, mensuelles et annuelles, d'une incontestable utilité. Mais, pour réaliser ce magnifique et difficile programme, il faudrait l'union et le concours de tous les savants sur tous les points du globe. C'est un idéal qui sera difficilement atteint.

A la photochimie il faudra joindre l'*électrochimie*, qui a donné, entre les mains de M. Becquerel, de si précieux résultats. La voie électrolytique pourra être employée, concurremment avec l'analyse spectrale et la photochimie, pour nous faire pénétrer plus intimement dans la nature de la matière.

L'œil et la lumière sont, pour les sciences d'observation, les moyens les plus ordinaires. En y joignant le goût et l'odorat, la chimie se rend tributaires presque tous nos sens. Seulement, la chimie des odeurs et des saveurs est encore dans l'enfance. Rien de plus curieux cependant que d'étudier par exemple l'action qu'un corps inodore peut exercer sur un corps odorant. Ainsi, l'odeur du musc altéré est passagèrement ravivée par l'ammoniaque; les acides sulfurique, phosphorique, oxalique, etc., tous inodores, produisent, avec les alcools, des composés aromatiques; l'acide butyrique, à odeur rance, donne, avec l'alcool, un éther à odeur d'ananas; l'acide valérianique, d'une odeur aimée des chats et de quelques femmes nerveuses, produit, avec l'alcool amylique, un composé qui a le parfum du melon. En général, les composés les plus odorants sont hydrogénés, tandis que les corps inodores sont la plupart très-oxygénés. Et pourtant la perception même des odeurs paraît exiger l'intervention de l'oxygène.

Quant aux saveurs, leur perception a lieu par le contact immédiat du corps sapide avec les papilles de la langue. La salive est un intermédiaire indispensable. Les corps insolubles dans ce liquide glandulaire, sont sans saveur; mais ils peuvent devenir sapides par une action électrique. Ainsi, une lame d'argent et une lame de cuivre, appliquées l'une à la face supérieure, l'autre à la face inférieure de la langue de manière qu'elles se touchent par une partie de leurs bords, donnent la sensation d'une saveur cuivreuse.

Dialyse. — Les moyens d'investigation se multiplient entre les mains des observateurs attentifs aux moindres données expérimentales. Tous les corps ne se fondent, ni ne se volatilisent à la même température; ils ne sont pas non plus tous également solubles dans un même liquide. La fusion, la volatilisation et la dissolution s'offrirent donc de bonne heure comme des moyens de séparation pour les alliages métalliques et pour les mélanges solubles.

Mais on resta plus longtemps sans tirer parti de tout un ordre de phénomènes naturels, découverts, il y a plus de quarante ans, par Dutrochet et décrits par lui sous le nom d'*endosmose* et d'*exosmose*. Cet ingénieux expérimentateur montra comment des liquides de densité différente peuvent communiquer entre eux en traversant des parois ou des diaphragmes membraneux qui sembleraient devoir s'opposer à leur passage.

Ce furent sans doute les expériences de Dutrochet qui portèrent Thomas Graham à imaginer le procédé analytique, connu sous le nom de *dialyse*. Voyant que les corps gélatineux se refusent à toute cristallisation, le célèbre chimiste anglais les distingua, sous le nom de *colloïdes*, de ceux qui cristallisent facilement et qui reçurent le nom de *cristalloïdes*. Les colloïdes sont caractérisés par leur instabilité moléculaire; en se gélatinisant, ils finissent par devenir complétement insolubles; leur état est une période dynamique de la matière, tandis que l'état cristallin est une période statique. C'est sur cette différence essentielle que reposent les principes dialytiques ou de la diffusion moléculaire établis par Th. Graham. Les mots doivent toujours être définis dès qu'ils peuvent donner lieu à des équivoques. Aussi l'auteur entend-il par *diffusion* « la propriété qu'ont deux fluides différents, mis en contact et sans agitation, de se mélanger spontanément de manière à former, dans un temps plus ou moins long, un tout plus ou moins homogène. »

Les substances colloïdes, telles que la gelée d'amidon, la pectine, la gélose végétale de Payen, se prêtent parfaitement aux séparations par diffusion. Insolubles dans l'eau froide, elles sont cependant, réunies en une certaine masse, aussi perméables que l'eau aux corps très-diffusibles ; mais elles résistent aux matières peu diffusibles et s'opposent complétement au passage des colloïdes analogues à elles-mêmes et dissoutes dans les liquides. Une couche mince de gelée, produit alors le même effet qu'une membrane animale. Le papier collé n'a aucun pouvoir filtrant : il est mécaniquement impénétrable.

Ce genre de séparation ne s'applique pas seulement aux liquides ou demi-liquides, mais encore aux corps gazeux. Il est comparable à ce qui s'observe dans une bulle de savon gonflée d'un mélange d'acide carbonique et d'hydrogène : aucun de ces deux gaz ne peut traverser la pellicule transparente. Mais l'acide carbonique, étant soluble dans l'eau, est condensé et dissous par les parois humides de la bulle ; il peut ainsi passer au dehors et se répandre dans l'atmosphère, tandis que l'hydrogène, à peu près insoluble dans l'eau, est retenu dans l'intérieur de la bulle.

Activité chimique de l'atmosphère. — Notre océan gazeux où se passent tant de réactions chimiques, ainsi que tous les phénomènes météorologiques, est pour tous les observateurs un inépuisable sujet d'études. Depuis tant de siècles on parle de miasmes, et on n'en sait encore rien aujourd'hui. Qu'est-ce que l'*ozone?* On l'ignore ; aussi quelques-uns en nient-ils l'existence. Cependant l'odeur *sui generis*, qui se développe quand l'air est foudroyé par des étincelles électriques ou quand l'eau est décomposée par un courant voltaïque est un fait incontestable. Cette odeur vient-elle d'un corps inconnu? M. Schoenbein, professeur de chimie à Bâle, le pensa le premier. Il lui donna même un nom : il l'appela *ozone* (du grec *ozo*, je sens). Il le considéra d'abord comme un radical ou corps simple, voisin du brome. Mais il modifia bientôt son opinion : croyant avoir décomposé l'azote, il regarda ce gaz comme formé d'hydrogène et d'ozone. Plus tard, il adopta l'idée de Williamson, d'après laquelle l'ozone serait un suroxyde d'hydrogène. Suivant Berzélius, c'est de l'oxygène dans un état allotropique. Enfin, MM. Frémy et Becquerel ont constaté que l'ozone n'est que de l'oxygène électrisé. Ce qu'il y a de certain, c'est que l'oxygène acquiert, sous l'influence de l'électricité, un pouvoir oxydant considérable en même temps que cette odeur caractéristique qui a été la cause première de tous les travaux publiés depuis 1840 sur ce corps problématique. L'ozone n'est, selon toute apparence, qu'une combinaison de l'oxygène avec lui-même, un véritable *oxyde d'oxygène*.

Toute nouveauté subit des exagérations. L'ozone était supposé faire naturellement partie de l'atmosphère. Sa quantité, variable suivant certaines conditions locales, devait régler le degré de salubrité de l'air. Une diminution trop notable de l'ozone, passait même pour la principale cause de certaines épidémies, telles que la cholérine et le choléra. Aussi avait-on imaginé des ozonoscopes et des ozomètres, faits avec des bandelettes de papier, imprégnées d'iodure de potassium et d'amidon. Mais le zèle ozonométrique s'est calmé depuis que l'on a commencé à entrevoir le rôle que, dans toutes ces réactions, doivent jouer les innombrables organismes microscopiques dont l'air est rempli, et dont la quantité varie exactement comme pour l'ozone, suivant l'exposition et l'altitude des lieux, et surtout suivant l'accumulation plus ou moins grande des habitants.

Notre océan gazeux paraît en effet être incomparablement plus riche en êtres microscopiques que la mer; et ces êtres invisibles, au milieu desquels nous vivons, doivent intervenir dans une multitude de phénomènes dont la connaissance exacte nous échappe.

Quoi qu'il en soit, l'atmosphère est le siége d'une activité chimique d'une nature encore indéterminée. Beaucoup d'agents y concourent, et, parmi ces agents, les rayons lumineux ne jouent certainement pas le moindre rôle.

Avec le concours de certaines conditions de température et d'humidité, l'air détermine, dans toute la matière provenant d'un être vivant, un mouvement moléculaire. Ce mouvement y fait naître successivement des produits particuliers, et finit par amener la décomposition complète de la matière organique. C'est ce travail interne qu'on appelle fermentation, putréfaction, ou de n'importe quel nom. Quelle en est l'origine? Bien des hypothèses ont été émises à cet égard; mais aucune ne réunit tous les caractères de la certitude. Dans ces derniers temps, on a essayé, par des observations microscopiques, d'établir que ce travail alternatif de décomposition et de recomposition moléculaire est dû à la présence d'êtres organisés, végétaux ou animaux, propres à chacune des phases métamorphiques de la matière fermentescible. Mais ces êtres, dont l'existence est hors de doute, jouent-ils réellement un rôle actif? Sont-ce les véritables ouvriers de la construction moléculaire ? Les conditions transitoires où ils vivent ne les accompagnent-ils pas plutôt que de les faire naître ? L'apparition de ces organismes éphémères ne fait-elle que coïncider avec les circonstances où ceux-ci doivent se développer ?

Cette dernière manière de voir nous paraît la plus simple et la plus rationnelle. C'est pourquoi on lui préférera probablement l'autre. Admettre que les chimistes ont pour auxiliaires des préparateurs invisibles, microscopiques, n'est-ce pas là une idée aussi séduisante qu'originale?

FIN.

TABLE DES MATIÈRES.

FIN DE LA TABLE DES MATIÈRES.

8013 — IMPRIMERIE GÉNÉRALE DE CH. LAHURE
rue de Fleurus, 9, à Paris

DICTIONNAIRE UNIVERSEL DES SCIENCES, DES LETTRES ET DES ARTS

CONTENANT

POUR LES SCIENCES : I. Les Sciences métaphysiques et morales ; — II. Les Sciences mathématiques, pures et appliquées ; — III. Les Sciences physiques et l'Histoire naturelle ; — IV. Les Sciences médicales ; — V. Les Sciences occultes ;

POUR LES LETTRES : I. La Grammaire ; — II. La Rhétorique ; — III. La Poétique ; — IV. Les différents genres de Littérature ; — V. Les Etudes historiques ;

POUR LES ARTS : I. Les Beaux-Arts et les Arts d'agrément ; — II. Le- Arts utiles : *Arts agricoles*, *Arts métallurgiques*, *Arts industriels*- *Professions commerciales* ;

Avec l'Explication et l'Étymologie de tous les termes techniques,
l'Histoire sommaire de chacune des principales branches des connaissances humai
et l'Indication des principaux ouvrages qui s'y rapportent ;

RÉDIGÉ, AVEC LA COLLABORATION D'AUTEURS SPÉCIAUX,

PAR M.-N. BOUILLET,

Conseiller honoraire de l'Université, Inspecteur général de l'instructi publique, Officier de la Légion d'honneur,
Auteur du *Dictionnaire universel d'Histoire et de Géographie.*

Ouvrage dont l'introduction dans les écoles est autorisée par le ministre de l'instruction publique.

NOUVELLE ÉDITION.

Un beau volume de 1750 pages grand in-8, à deux colonnes.

Prix de l'ouvrage : br., 21 fr. ; cartonné en percaline gaufrée, 23 fr. 25 c.

(Extrait de la préface de l'Auteur.)

Il est deux sortes de difficultés qui peuvent arrêter celui qui aime à s'instruire et à se rendre compte : les unes se rapportent aux personnages qui ont attiré, à quelque titre que ce soit, l'attention des hommes, aux lieux qui offrent quelque importance géographique, historique, administrative ou industrielle ; les autres, aux objets de la nature, aux créations de l'art ou de l'industrie, aux découvertes de la science ; en un mot, les unes se rapportent aux *noms propres*, les autres aux *choses*. S'il est intéressant pour un esprit cultivé de se représenter les hommes qui ont influ- sur le sort de leurs semblables ou contribué à leurs jouissances, de parcourir par la pensée les contrées qui ont été le théâtre de grands événements ou le berceau de personnages célèbres, il est nécessaire pour tous de connaître les êtres qui nous entourent, les forces qui animent la nature et qui agissent incessamment sur nous, les éléments dont toutes choses sont composées; de se familiariser avec les inventions de tout genre qu'a enfantées le génie de l'homme. Dans notre *Dictionnaire universel d'Histoire et de Géographie*, nous nous sommes efforcé de satisfaire au premier de ces besoins, en levant les difficultés qui naissent des *noms propres;* dans le *Dictionnaire universel des Sciences, des Lettres et des Arts*, que nous publions aujourd'hui, nous tentons de répondre au second, en offrant pour l'étude des *choses* le même genre de secours.

Il existe déjà, il est vrai, un grand nombre d'ouvrages qui paraissent avoir cette destination : tels sont les *Vocabulaires* ou *Dictionnaires de la langue*, les *Encyclopédies* de toute espèce. Mais, parmi ces ouvrages, les uns, les *Dictionnaires de la Langue*, ne peuvent, quelque complète que soit leur nomenclature, offrir que de pures définitions de mots, sans pénétrer jusqu'à la nature des choses; les autres, les *Encyclopédies*, allant au delà du but, donnent sur chaque sujet des dissertations étendues ou même de véritables traités, plutôt que de simples articles, et atteignent ainsi de vastes proportions qui les mettent hors de la portée de la plupart des lecteurs. Il fallait un livre qui se plaçât entre ces deux sortes d'ouvrages; qui, moins superficiel que les premiers, moins développé que les seconds, donnât sur chaque matière, et de la manière la plus exacte, les notions vraiment indispensables, mais qui, en même temps, les présentât sous la forme la plus succincte et la plus substantielle; et qui, à la faveur d'un grand laconisme dans l'expression et d'un choix sévère dans les détails, pût condenser toutes ces notions en un seul volume, d'un usage facile pour tous. Il fallait, en un mot, une *Encyclopédie pratique*, où trouvassent place tous les sujets sur lesquels il y a quelque chose d'utile ou d'intéressant à dire. Malgré des tentatives dont on ne doit pas méconnaître la valeur, il nous a semblé qu'un tel livre restait encore à faire : c'est ce livre que nous avons tenté d'exécuter.

Il était, on le conçoit, impossible à une seule personne de réunir toutes les connaissances nécessaires pour accomplir une si vaste entreprise : aussi avons-nous dû, pour les parties qui ne pouvaient nous être familières, nous assurer le concours d'auteurs spéciaux, versés dans chacune d'elles. Nous réservant, avec la direction et la révision de tout l'ouvrage, les *Sciences métaphysiques et morales*, qui ont été l'objet constant de nos études et que nous avons enseignées pendant vingt ans, ainsi que les *Sciences historiques*, qui se rattachent étroitement aux travaux que nous avons précédemment publiés sur l'histoire et la géographie, nous avons confié les *Sciences physiques et mathématiques*, avec les *Arts industriels*, qui en sont l'application, à M. Ch. Gerhardt, docteur ès sciences, professeur de chimie à la Faculté des sciences de Strasbourg, auteur d'un *Précis de Chimie organique* qui depuis longtemps fait autorité, et d'un nouveau *Traité de Chimie organique* destiné à compléter le grand *Traité de Chimie* de Berzélius; les *Sciences naturelles*, à M. Ach. Comte, ancien professeur d'histoire naturelle au lycée Charlemagne, à qui l'on doit, entre autres ouvrages écrits pour la jeunesse, le *Règne animal de Cuvier disposé en tableaux méthodiques*, les *Cahiers d'histoire naturelle à l'usage des collèges*, et un *Traité complet d'histoire naturelle;* les *Sciences médicales*, à M. le docteur V. Jeannoël, médecin-major dans les hôpitaux militaires et l'un des officiers les plus distingués de notre corps de Santé. La partie littéraire a été traitée par M. Alph. Legouëz, professeur au lycée Bonaparte, auteur de divers ouvrages classiques justement estimés.... La position de chacun de nos collaborateurs, les travaux que plusieurs ont déjà publiés, la réputation dont ils jouissent, garantissent assez leur parfaite compétence, et donnent l'assurance que cet ouvrage sera au niveau des connaissances actuelles.

Malgré cette diversité d'auteurs, l'unité de l'ouvrage a été maintenue avec le plus grand soin, et c'est là, nous ne craignons pas de le dire, un mérite par lequel ce Dictionnaire se distinguera de la plupart des autres recueils de ce genre. On y trouvera, d'un bout à l'autre, le même esprit, la même marche, le même style.

L'esprit qu'on s'est efforcé d'y faire régner, c'est, avant tout, un respect scrupuleux pour tout ce qui doit être respecté : ainsi, dans les sujets qui intéressent la morale ou la religion, on a écarté tout ce qui aurait pu alarmer la pudeur ou la foi; bien que cet ouvrage ne soit pas exclusivement destiné à la jeunesse et qu'il s'adresse à toutes les classes de lecteurs, on a voulu qu'il pût, en toute sécurité, être mis entre les mains des jeunes gens, auxquels il sera plus particulièrement utile. En outre, dans toutes les matières qui sont encore controversées, on s'est fait un devoir d'observer une stricte impartialité entre les doctrines en lutte, et de parler avec de justes égards de toutes les opinions sincères : dans ces cas, on s'est borné à exposer fidèlement l'état de la science, sans faire prévaloir de système.

Dans la rédaction des articles, on a partout suivi une marche uniforme. Immédiatement après le nom de la chose, on a donné l'étymologie du mot, quand elle devait en éclaircir le sens ou même quand elle pouvait seulement aider la mémoire; viennent ensuite la définition adoptée par la science, la description, réduite aux traits essentiels et vraiment caractéristiques, les divisions et les classifications consacrées, les usages et les applications de l'objet décrit ou les inconvénients qu'il peut offrir. Les articles se terminent, quand il y a lieu, par une notice historique qui fait connaître l'origine et les progrès de chaque science, de chaque art, l'époque et l'auteur de chaque découverte, de chaque invention. Enfin, on a joint aux articles principaux des indications bibliographiques, qui renvoient aux meilleurs ouvrages publiés sur chaque matière.

Quant au genre de style, il était commandé par la nature même d'un ouvrage où il fallait dire le plus de choses avec le moins de mots, et qui aurait pu prendre pour devise : *Res, non verba.* Le style devait donc être laconique, sans cesser d'être clair; il devait, en outre, être éminemment exact et expressif. Or, il n'y a que la langue scientifique qui remplisse ces conditions : pour la description d'un minéral, d'un végétal, d'un animal, pour l'analyse d'un corps, pour la démonstration d'un théorème, aucune périphrase n'eût pu remplacer les termes propres et la savante phraséologie qu'ont adoptés les minéralogistes, les botanistes, les zoologues, les chimistes, les géomètres : ce sont comme autant de signes algébriques auxquels la science moderne doit en grande partie sa précision, sa rigueur et ses progrès. Le nombre des personnes qui ont été initiées par leurs études premières au langage technique s'accroissant de jour en jour, nous pouvions sans inconvénient emprunter ce langage; néanmoins, pour venir en aide à ceux auxquels il est moins familier, nous avons de préférence employé les termes vulgaires toutes les fois que nous pouvions le faire sans nuire à l'exactitude; en outre, nous avons pris soin d'expliquer, à leur ordre alphabétique, tous les termes techniques qui étaient de nature à offrir quelque obscurité.

Nous osons espérer que ce livre rendra quelques services. Bien que le projet de l'ouvrage remonte à un grand nombre d'années, il est tellement accommodé aux besoins de l'époque qu'il pourra paraître une œuvre de circonstance. Il offre, en effet, cette association des Sciences et des Lettres qui est aujourd'hui reconnue comme la condition indispensable de toute éducation sérieuse et complète, association que de sages réformes ont récemment consommée dans tous nos grands établissements d'instruction publique. En facilitant au savant et au lettré l'accès d'un nouvel ordre de connaissances, auquel chacun d'eux était jusque-là resté trop étranger, il contribuera, nous l'espérons, à faire cesser ce funeste divorce qui a trop longtemps existé entre les Lettres et les Sciences.

C'est surtout par la partie scientifique que cet ouvrage nous paraît devoir se recommander. L'impulsion extraordinaire qui a été donnée depuis quelques années à cette partie des études, les grandes découvertes qui ont été faites, les applications merveilleuses que ces découvertes ont reçues, et qui ont si bien justifié, même aux yeux du vulgaire, ce mot prophétique de Bacon : *Savoir, c'est pouvoir*, ce sont là autant de causes qui ont appelé sur les sciences l'attention et la faveur universelles, et qui ont donné au plus grand nombre le désir d'y être initiés. Le *Dictionnaire universel des Sciences, des Lettres et des Arts* aidera à satisfaire ce légitime désir. Rassemblant en un seul corps et en seul volume des notions qui sont éparses dans vingt dictionnaires différents ou perdues dans de vastes encyclopédies, les résumant de la manière la plus brève, la plus exacte et la plus simple, il mettra à la portée de tous des connaissances indispensables, qui trop longtemps ont été réservées au plus petit nombre; il donnera immédiatement à l'homme du monde la définition de termes techniques qu'il rencontre à chaque instant dans les livres, dans les journaux, dans la conversation même, et qui lui offraient autant d'énigmes; la description de machines et de procédés qu'il a tous les jours sous les yeux sans les comprendre ; il rappellera à l'étudiant, peut-être même quelquefois au savant, les éléments et les propriétés essentielles d'un composé chimique, les caractères distinctifs d'une famille ou d'un genre en botanique, en zoologie; il signalera les symptômes d'un mal naissant et les premiers remèdes à y apporter. S'il ne satisfait pas complétement à toutes les questions, ce livre pourra du moins, à la faveur des renseignements bibliographiques qu'il contient, indiquer aux esprits curieux les sources où ils iront puiser plus abondamment.

Répondant, comme le *Dictionnaire universel d'Histoire et de Géographie*, à un besoin réel, conçu dans le même esprit, exécuté par le même auteur, sur un plan analogue, et jusque dans la même forme, le *Dictionnaire universel des Sciences, des Lettres et des Arts* est destiné à devenir le compagnon inséparable de son devancier. Ces deux ouvrages forment comme les deux moitiés d'un même tout; ils se complètent nécessairement l'un l'autre.

Imprimerie générale de Ch. Lahure, rue de Fleurus, 9, à Paris.

BIBLIOTHÈQUE VARIÉE, FORMAT IN-18 JÉSUS, A 3 FR. 50 C. LE VOL.

About (Edm.). Causeries. 1 vol. — La Grèce contemporaine. 1 vol. — Le Progrès. 1 vol. — Madelon. 1 vol. — Le salon de 1864. 1 vol. — Théâtre impossible. 1 vol.
Achard (Amédée). Album de voyages. 1 vol.
Ackermann. Contes et poésies. 1 vol.
Arnould (Edm.). Sonnets et poëmes. 1 vol.
Balzac (H. de). Théâtre. 1 vol.
Barrau. Histoire de la Révolution française. 1 vol.
Bautain (l'abbé). La belle saison à la campagne. 1 v. — La chrétienne de nos jours. 2 vol. — Le chrétien de nos jours. 2 vol. — La religion et la liberté. 1 v.
Bayard. Théâtre. 12 vol.
Bellemare (A.). Abd-el-Kader. 1 vol.
Belloy (de). Le Chevalier d'Aï. 1 vol. — Légendes fleuries. 1 vol.
Belot (Ad.). L'habitude et le souvenir. 1 vol.
Bersot (E.). Mesmer ou le magnétisme animal. 1 v.
Beulé. Phidias, drame antique. 1 vol.
Busquet. Poëme des heures. 1 vol.
Byron. Œuvres complètes, trad. de Laroche. 4 vol.
C... (Jules de) Chasses et voyages. 1 vol.
Calemard de la Fayette (Ch.). Le poëme des champs. 1 vol.
Cervantès. Don Quichotte. 2 vol.
Caro (E.). Études morales. 1 v. — L'idée de Dieu. 1 v.
Castellane (de). Souvenirs de la vie militaire. 1 v.
Charpentier. Les écrivains latins de l'empire. 1 v.
Chateaubriand. Le génie du christianisme. 1 vol. — Les martyrs. 1 vol. — Atala, René, les Natchez. 1 v.
Cherbuliez (V.). Le comte Kostia. 1 vol. — Paule Méré. 1 vol.
Chevalier (M.) Le Mexique ancien et moderne. 1 v.
Chodzko. Contes slaves. 1 vol.
Crépet (J.). Le trésor épistolaire de la France. 2 v.
Dante. La Divine comédie, trad. par Fiorentino. 1 vol.
Dargaud (J.). Marie Stuart. 1 vol. — Voyage aux Alpes. 1 vol. — Voyage en Danemark. 1 vol.
Daumas (E.). Mœurs et coutumes de l'Algérie. 1 v.
Deschanel (Em.). Physiologie des écrivains. 1 vol.
Deville (L.). Excursions dans l'Inde. 1 vol.
Énault (L.). La Terre-Sainte. 1 vol. — Constantinople et la Turquie. 1 vol.
Ferry (Gabr.). Le coureur des bois. 2 vol. — Costal l'Indien. 1 vol.
Figuier (Louis). Histoire du merveilleux. 4 vol. — L'alchimie et les alchimistes. 1 vol. — Les applications nouvelles de la science. 1 vol. — L'année scientifique, 9 années (1856-1864). 9 vol.
Fléchier. Les grands jours d'Auvergne. 1 vol.
Fromentin (Eug.). Dominique. 1 vol.
Garnier. (Ad.). Traité des facultés de l'âme. 3 v.
Giguet (P.). Le Livre de Job. 1 vol.
Guizot (F.). Un projet de mariage royal. 1 vol.
Hérodote. Œuvres complètes. 1 vol.
Heuzé. L'année agricole, 4 années (1860-1863). 4 v.
Hoefer. La chimie enseignée par la biographie de ses fondateurs. 1 vol.
Houssaye (A.). Poésies. 1 vol. — Philosophes et comédiennes. 1 vol. — Le violon de Franjolé. 1 vol. — Histoire du 41e fauteuil. 1 vol. — Voyages humoristiques. 1 vol. — Les filles d'Ève. 1 vol.
Hugo (Victor). Notre-Dame de Paris. 2 vol. — Bug-Jargal, Le dernier jour d'un condamné. 1 vol. — Odes et ballades. 1 vol. — Les voix intérieures, Les rayons et les ombres. 1 vol. — Légende des siècles. 1 vol. — Orientales, Feuilles d'automne, Chants du crépuscule. 1 vol. — Théâtre. 4 vol. — Les contemplations. 2 vol. — Le Rhin. 3 vol. — Mélanges. 2 vol. — Discours. 1 vol. — Han d'Islande. 2 vol.
Jacques. Contes et causeries. 1 vol.
Jouffroy. Cours de droit naturel. 2 vol. — Cours d'esthétique. 1 vol. — Mélanges. 2 vol.
Jurien de la Gravière (l'amiral). Souvenirs d'un amiral. 2 vol. — Voyage en Chine. 2 vol. — La marine d'autrefois. 2 vol.
La Landelle (G. de). Le tableau de la mer. 2 v.
Lamartine (A. de). Méditations poétiques. 2 vol. — Harmonies poétiques. 1 vol. — Recueillements poétiques. 1 vol. — Jocelyn. 1 vol. — La chute d'un ange. 1 vol. — Voyage en Orient. 2 vol. — Lectures pour tous. 1 vol.
Lanoye (F. de). Le Niger. 1 vol. — L'Inde contemporaine. 1 vol.
Laugel. Études scientifiques. 1 vol.
La Vallée (J.). Zerga le chasseur. 1 vol.
Lecoq (Henri). La vie des fleurs. 1 vol.
Lindau (R.). Un voyage autour du Japon. 1 vol.
Loiseleur. Les crimes et les peines. 1 vol.
Lucien. Œuvres complètes, tr. par M. Talbot. 2 vol.
Macaulay (lord). Œuvres diverses. 2 vol.
Malherbe. Œuvres poétiques. 1 vol.
Marmier. En Alsace: L'avare et son trésor. 1 vol. — En Amérique et en Europe. 1 v. — Gazida. 1 v. — Hélène et Suzanne. 1 vol. — Un été au bord de la Baltique. 1 vol. — Le roman d'un héritier. 1 vol. — Les Fiancés du Spitzberg. 1 vol. — Lettres sur le Nord. 1 vol. — Mémoires d'un orphelin. 1 vol. — Sous les sapins. 1 vol.
Mas (Sinibaldo de). La Chine et les puissances chrétiennes. 2 vol.
Michelet. L'amour. 1 vol. — La femme. 1 vol. — La mer. 1 v. — L'insecte. 1 v. — L'oiseau. 1 v.
Moges (le marquis de). Souvenirs d'une ambassade en Chine et au Japon. 1 vol.
Montégut (P. de). Souvenirs d'un régulier. 1 vol.
Monnier (Marc). L'Italie est-elle la terre des morts? 1 v.
Mortemart (baron de). La vie élégante. 1 vol.
Nisard (Ch.). Curiosités de l'étymologie française. 1 v.
Nodier (Ch.). Sept châteaux du roi de Bohême. 1 vol.
Nourrisson. Les Pères de l'Église latine. 1 vol.
Orsay (comtesse d'). L'ombre du bonheur. 1 vol.
Ossian. Poëmes gaéliques. 1 vol.
Patin. Études sur les tragiques grecs. 4 vol.
Perrens (F. T.). Jérôme Savonarole. 1 vol.
Pfeiffer (Mme Ida). Voyage d'une femme autour du monde. 1 vol. — Mon second voyage autour du monde. 1 vol. — Voyage à Madagascar. 1 vol.
Pouchet (le Dr A.-F.). L'univers; les infiniment grands et les infiniment petits. 1 vol.
Pouchkine. Poëmes dramatiques. 1 vol.
Prevost-Paradol. Études sur les moralistes français. 1 vol. — Histoire universelle. 2 vol.
Quatrefages (de). Unité de l'espèce humaine. 1 v.
Raymond (X.). Les marines de la France et de l'Angleterre. 1 vol.
Raynaud. Les pensées tristes. 1 vol.
Rendu (V.). L'intelligence des bêtes. 1 vol.
Roland (Mme). Mémoires. 2 vol.
Rougebief (Eug.). Un fleuron de la France. 1 vol.
Saintine (X.-B.). Picciola. 1 vol. — Seul! 1 vol. — Le chemin des écoliers. 1 vol. — La mythologie du Rhin. 1 vol.
Sand (George). Elle et lui. 1 vol.
Scudo. Critique et littérature musicales. 2 vol. — Le Chevalier Sarti, roman musical. 1 vol. — L'année musicale, 3 années (1859-1861). 3 vol.
Sévigné (Mme de). Lettres. 6 vol. sont en vente.
Simon (Jules). Le devoir. 1 vol. — La religion naturelle. 1 vol. — La liberté. 2 vol. — La liberté de conscience. 1 vol. — L'ouvrière. 1 vol.
Strada (de). Essai d'un ultimum organum, ou considération scientifique de la Méthode. 2 vol.
Taine (H.). Voyage aux Pyrénées. 1 vol. — Essai sur Tite Live. 1 vol. — Essais de critique et d'histoire. 1 vol. — La Fontaine et ses fables. 1 vol. — Les philosophes français du XIXe siècle. 1 vol.
Théry. Conseils aux mères. 2 vol.
Töpffer (Rod.). Le presbytère. 1 vol. — Nouvelles genevoises. 1 vol. — Rosa et Gertrude. 1 vol. — Réflexions et menus propos. 1 vol.
Trémaux (P.). Origine et transformations de l'homme et des autres êtres. Première partie. 1 v.
Troplong. De l'influence du christianisme sur le droit civil des Romains. 1 vol.
Vapereau (Gust.). L'année littéraire, 7 années (1858-1864). 7 vol.
Viardot (L.). Les musées d'Allemagne. 1 vol. — Les musées d'Angleterre, de Belgique, etc. 1 vol. — Les musées d'Espagne. 1 vol. — Les musées de France. 1 vol. — Les musées d'Italie. 1 vol.
Vigneaux. Souvenirs d'un prisonnier de guerre au Mexique. 1 vol.
Vivien de St-Martin. L'année géog. (1862-1864). 3 vol.
Wey (Francis). Dick Moon en France. 1 vol. — La Haute-Savoie. 1 vol.
Widal (Aug.). Études sur Homère. 1 vol.
Wallon. Vie de N.-S. Jésus-Christ, selon la concordance des quatre Évangélistes. 1 vol.

Imprimerie générale de Ch. Lahure, rue de Fleurus, 9, à Paris.

www.ingramcontent.com/pod-product-compliance
Ingram Content Group UK Ltd.
Pitfield, Milton Keynes, MK11 3LW, UK
UKHW020308230726
13925UKWH00001B/287